人居环境健康设计指导丛书

丛书主编　王清勤　王现生

住宅建筑防疫应急设计

————— 任洪国　刘玉晨　姬晓玉　洪光超　邓　蕊　著 —————

U0202475

中国建筑工业出版社

图书在版编目（CIP）数据

住宅建筑防疫应急设计 / 任洪国等著. —北京：
中国建筑工业出版社，2023.4（2024.3重印）
（人居环境健康设计指导丛书 / 王清勤，王现生主
编）
ISBN 978-7-112-28621-8

Ⅰ. ①住… Ⅱ. ①任… Ⅲ. ①住宅—防疫—建筑设计
—中国 Ⅳ. ①TU241

中国国家版本馆CIP数据核字（2023）第071459号

　　基金项目：河北省社会科学基金项目"基于突发公共卫生事件的国土空间规划风险评价体
系研究"，项目编号：HB20GL055

责任编辑：唐　旭
文字编辑：孙　硕
书籍设计：锋尚设计
责任校对：董　楠

人居环境健康设计指导丛书
丛书主编　王清勤　王现生
住宅建筑防疫应急设计
任洪国　刘玉晨　姬晓玉　洪光超　邓　蕊　著

*
中国建筑工业出版社出版、发行（北京海淀三里河路9号）
各地新华书店、建筑书店经销
北京锋尚制版有限公司制版
北京中科印刷有限公司印刷
*
开本：787毫米×1092毫米　1/16　印张：12½　字数：265千字
2023年4月第一版　　2024年3月第二次印刷
定价：**58.00**元
ISBN 978-7-112-28621-8
（41055）

总　序

　　翻开人类的历史，抒写着人类"与天斗""与地斗"的勇气，也抒写着人类创造家园的无限智慧。疾病、战争、灾害、意外……无时无刻不威胁着人类的安全，可客观结果却是人类掌握了更多的生存本领，趋利避害成为生存的不二法则。这种"趋利避害"下的创造是人类抵御灾害重要的有效途径。从原始的"天然洞穴"为了躲避野兽的袭击和恶劣天气的威胁，升级为"巢居"或"窑洞"；为了避免潮湿和寒热，居住建筑升级为"半窑"和"地楼"；为了避免黑暗与疾病，于是人类学会了用木骨和泥墙建造房屋……建筑的不断升级充分说明："危险"成就了人类每一次的进步。建筑发展到今天，无论是建筑技术，还是设计水平都可以满足人类的各种需求。然而，面对突如其来的新冠疫情，现有规划、建筑、公共空间需要提高其韧性来降低疫情的传播速度，并尽可能地满足人们日常生活的正常需求。不禁使设计师们陷入了沉思：这样的"危险"能否将人类再次带入新的建筑升级？是否需要应急的风险识别体系？是否有必要从新的维度思考我们的人居环境？

　　"人居环境健康设计指导丛书"正是基于这样的思考与初衷应运而生。基于突发公共卫生事件的建筑应急设计是在突发公共卫生事件下，人们按照"人民至上，生命至上"的原则，把建筑使用过程中可能发生的涉疫问题，做好通盘设想，拟定好解决这些问题的方法、路径与最终方案，用图纸和文件表达出来的过程。首先必须厘清人居环境、疫情与人的相互关系，才能构建建筑应急设计的风险识别体系及其评估体系，给出建筑风险层级化研究模型，提出建筑应急设计目标，给出建筑应急设计模拟和对比模型及演算方法，建立建筑应急设计的情感化模型和评估机制及改善设计方法；最终，搭建可视化模拟与演示集成工具平台，建立起建筑应急策略库，为防疫政策与决策提供参考。

　　丛书从空间规划、建筑设计、环境与产品设计等角度提出建议，也是建筑设计师们关于建筑理论体系的完善。本套丛书兼具实践性与理论性，希望可作为大学生建筑防疫设计的参考教材，同时希望对城市规划师、建筑设计师、环境设计师、工程技术人员以及相关行政管理人员有一定参考价值。

疫情终将过去，人类历史也将铭记这段灰暗的时光，无论此时我们的感受是什么，可以肯定的是，什么也无法阻止人类思考的勇气，对生命的热爱，对职业的忠诚和前进的力量。

任洪国

2022年12月30日

前　言

　　2019年年底，突如其来的新冠肺炎疫情给中国的经济社会发展和人居环境安全带来了巨大冲击。近三年，以住宅小区为基本单元进行疫情防控成为高效和易实施的防控手段。2022年11月11日，国务院应对新型冠状病毒肺炎疫情联防联控机制综合组发布了《关于进一步优化新冠肺炎疫情防控措施，科学精准做好防控工作的通知》中也多次提到"居家隔离"的措施。但在疫情防控过程中，我国的住宅建筑也暴露出防疫应急能力不足的问题。另外，随着大健康时代的到来，居住健康成为大健康的重要组成部分，健康人居也成为社会关注的热点。为应对新的挑战与需求，相关从业者应积极推动住宅设计的理念和方法升级，为人民提供全生命周期下的绿色、健康、智能的居住建筑，以满足后疫情时代不断更新的居住需求。

　　本书从健康人居角度出发，调研住区居民居家防护与隔离的需求，以提升住宅建筑防疫应急能力为目标，采用文献分析、数据分析、实地调研等方法梳理归纳住宅建筑防疫应急能力的现状，以河北省邯郸市主城区的住宅为例，提出改善住宅建筑防疫应急设计的优化策略。

　　首先，借助韧性城市理论、健康城市理论、居住行为理论及马斯洛需求层次理论，结合居民需求，探讨突发公共卫生事件下的住宅建筑应急能力提升的实现途径。其次，对邯郸市主城区住宅建筑进行现状调研，按照建设年代将邯郸市主城区建筑的发展分为起步、发展和转型三个阶段，同时将建筑分为住宅户内空间、单元公共空间和住宅室外空间三个层面进行现状及特征分析，并选择典型小区进行详细研究，为后期提升住宅建筑防疫应急能力提供方向。最后，分别对住宅建筑户内空间、单元公共空间和室外空间提出防疫应急能力提升策略。在户内空间中，进行入户独立空间、功能复合空间、空间布局优化和自然通风采光的优化设计；在单元公共空间中，进行空间及人流规划、空间质量改进和通风质量提升的优化设计；在室外空间中，进行流线规划、空间质量提升、设施更新及环境营造的防疫应急的优化设计。最后将设计策略应用于具体案例的防疫应急能力提升设计中，以期为重大突发公共卫生事件下的建筑防疫应急能力的改进设计提供理论和实践基础。

目 录

总序
前言

第 1 章
绪论

1.1 研究背景 / 2

1.2 研究目的及意义 / 3

1.3 国内外研究综述 / 4

1.4 研究内容、研究方法与调研方案 / 13

1.5 创新点 / 15

1.6 技术路线 / 16

1.7 本章小结 / 18

第 2 章
研究主体内容解析

2.1 相关概念界定 / 20

2.2 相关理论内涵 / 22

2.3 现行住宅建筑防疫相关规范 / 29

第 3 章

国内住宅建筑概况

3.1 我国住宅建筑发展概述 / 34

3.2 我国住宅建筑发展阶段 / 36

3.3 邯郸市住宅建筑发展概况 / 38

3.4 邯郸市主城区住宅建筑防疫应急设计问题分析 / 69

3.5 本章小结 / 74

第 4 章

邯郸市多层住宅建筑防疫应急
设计现状及分析

4.1 调研对象选取 / 76

4.2 多层住宅案例分析 / 79

4.3 问卷调查与数据分析 / 97

4.4 现状问题总结 / 104

4.5 本章小结 / 107

第 5 章

邯郸市高层住宅建筑防疫应急
设计现状及分析

5.1 调研对象选取原则 / 110

5.2 高层住宅案例分析 / 110

5.3 问卷调查与数据分析 / 123

5.4 现状问题总结 / 133

5.5 本章小结 / 142

第 6 章
住宅建筑防疫应急设计优化策略及应用

6.1 住宅建筑防疫应急设计基本原则 / 144

6.2 户内空间防疫应急优化设计 / 146

6.3 单元公共空间防疫应急优化设计 / 155

6.4 室外空间防疫应急优化设计 / 164

6.5 基于防疫应急需求的优化策略应用 / 171

6.6 本章小结 / 178

结论与展望 / 179

附录 1 邯郸市主城区多层住宅调查问卷 / 181

附录 2 邯郸市主城区高层住宅调查问卷 / 183

参考文献 / 186

第 1 章
绪论

1.1 研究背景

1.2 研究目的及意义

1.3 国内外研究综述

1.4 研究内容、研究方法与调研方案

1.5 创新点

1.6 技术路线

1.7 本章小结

2　　住宅建筑防疫应急设计

1.1 研究背景

1.1.1 突发公共卫生事件与家庭防护

瑞典的病理学家福克汉切曾说过："人类的历史即是疾病的历史"。在漫长的人类历史中，传染病对世界的安全和发展产生了深远的影响。新型冠状病毒肺炎疫情在2019年年末暴发，引起了全世界的广泛关注。中国政府在这场来势汹汹的疫情面前，及时采取了相应的对策，有效减缓了疫情的扩散。

在突发公共卫生事件中，保障人民安全与健康是最基本、最核心的要求。在疫情期间，短期内会出现对医疗资源的需求迅猛增加的情况，医疗资源供给紧张，进而影响病人的正常治疗，这就需要充分调用包括家庭资源在内的各种社会资源，采用家庭协同式护理来治疗。大量病患涌入医院，使得医院成为疾病传染高风险场所，对轻症和恢复期的患者而言，家庭协同式护理模式既能延续病人的治疗与恢复过程，同时还可以降低安全风险。因此，需对住宅建筑采取必要且有针对性的设计，以保障家庭护理人员与被护理对象的安全与健康。

除去普通病患，家庭防护对于其他人员也是同样重要。家庭防护成为群防群控中的关键一环。首先，居家隔离是个人健康与安全的迫切需要。当今时代，人口流动性大，造成了病毒更广泛地传播，居家隔离可以有效地切断传播途径，是最安全、有效的防护手段之一。其次，居家隔离是国家抗击疫情的有力保障。由于病毒具有高传染性，形成暴发式的蔓延，而每个人都可能会成为其中关键的节点。减少人员流动，最大限度地阻断疫情传播途径，把疫情真正控制在最小范围，这才有利于更好地控制疫情。再次，居家隔离是责任与担当的体现。人类具有社会性，不可能离开社会独立生存，居家隔离可以有效减缓病毒的蔓延，放大防疫成果。

我国是拥有14亿人口的大国，近些年，已经历了SARS病毒、甲型H1N1流感病毒及新型冠状病毒流行等，为应对此类疫情的发生，需尽早关注住宅建筑的防疫应急设计，以最大化降低疫情造成的各种损失。

1.1.2 我国住宅建筑防疫应急能力现状

住宅建筑是疫情防控的最后一道防线，在客观上，建筑密集、人口密集、人际交往频繁等是一系列亟待解决的疫情防控问题，一度引起社会的广泛关注。在我国以往的居住建筑设计理念中，对卫生防疫方面考虑较少，缺乏相应的技术措施与硬件设施。

国内发布的流行病学调查显示，住宅区内有多个住户出现病例，但在彼此之间没有关联的情况下，香港和广州也分别出现同一栋楼不同楼层用户相继感染新冠病毒的情况，专家推测可能存在不明传染源，其病毒可能通过共用电梯或者排污管道传播而致使疫情蔓延扩大，住宅环境、住宅建筑硬件与防疫问题的关联日益凸显。

住宅建筑疫情防控是城市安全与家庭疫情防控的核心，针对广大居住者最关心的如何提升住宅卫生防疫功能与居家防控亟待解决的问题和使用需求，需结合国内外住宅卫生防控与居住健康安全研究及实践经验，在国内卫生防疫相关领域等有关专家的鼎力支持下以系统性住宅建筑措施为居家卫生防疫的健康安全提供技术支持与建议。进而，针对住宅建设中存在的居住环境的健康安全和生命健康安全的不可持续的课题，对住宅建设防疫保障对策进行思考，提出推动住宅建设的民生保障与可持续发展的相关对策，解决住宅建筑相关卫生防疫与健康安全生活环境保障方面的问题。

1.1.3 我国住宅建筑防疫应急能力亟待提升

城市作为人工与自然协调发展的复杂系统，在突发公共卫生事件中具有很高的不稳定性。社区是城市体系构成的基础单位，是应对突发公共卫生事件的最终防御力量。但是，目前我国城镇社区和居民的防灾应急能力普遍较弱，脆弱性较大；老城区的防灾应急预案未充分考虑，防疫应急预案的设计和处置能力较差，居民的防疫和应急意识较差；尽管新建住宅区的防疫应急场所比较充裕，但在防疫应急管理方面及居民防疫应急意识方面亦存在薄弱环节。整体而言，我国城市小区住宅防疫应急能力亟待提升。

1.2 研究目的及意义

1.2.1 研究目的

健康的住宅环境已成为社会各界关注的焦点，预防和控制住房感染已成为一项重要措施。因此，本书旨在厘清目前我国居住建筑的防疫应急设计问题，并提出相关对策，以期为未来之发展规划提供参考。

1.2.2 研究意义

较之其他国家，我国人口基数大，在应对各类疫情时本就吃力；同时我国住宅建筑防疫应急能力有待提高，应对体制也在完善和发展之中。综合来看，住宅建筑的防疫应急设计处于起步阶段，所以总体而言对住宅建筑防疫应急策略的有效性研究对于我国具有学术意义、经济意义和现实意义。

学术意义：本研究以邯郸市主城区的居民住宅为例，提出了预防与紧急情况下的住房防疫设计的方法与策略，为以后新城区的开发和老城区的既有住宅的改造提供借鉴。

经济意义：科学防疫是一项系统工程，其中包括住宅建筑的有效防疫。住宅建筑的防疫应急设计不仅是社会活动，还是经济活动。一方面是对住宅本身价值进行利用，尽可能地将其本身价值最大化；另一方面，在其本身的价值基础上，通过防疫应急设计，赋予建筑新的价值，从而达到1+1>2的价值体系。因此，对住宅建筑进行防疫应急设计研究，同样具有经济意义。

现实意义：本书的研究基于住宅建筑的防疫性应急设计，对于住宅建筑的防疫应急设计不仅仅是单方面强调建筑的隔离，而是以住宅建筑在疫情发生时期家庭防护的实现为目的，通过研究所得的策略指导住宅建筑的设计，从而提高住宅建筑的防疫应急能力，这对于突发公共卫生事件频发的时代具有切实可行的现实意义。

1.3 国内外研究综述

1.3.1 国外研究现状

1.3.1.1 突发公共卫生事件研究

本研究利用VOSviewer软件对"突发公共健康"等关键字进行检索与统计，结果表明，近年来，世界各国对突发公共卫生事件的研究有显著增长。如图1-1所示，从2000—2020年的相关文献中，对COVID-19（新型冠状病毒肺炎）与公共卫生事件的关

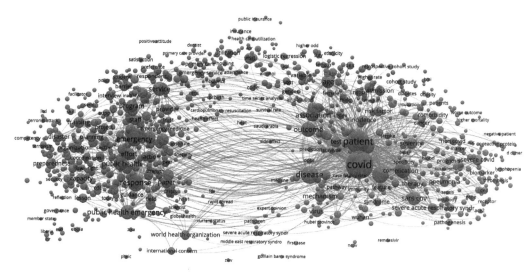

图1-1 2000—2020年突发公共卫生事件热点分析

联性及热点进行了分析，结果显示：COVID-19疫情的暴发，进一步促进了我国公共卫生事件的研究发展，目前的研究热点集中在COVID-19、突发公共卫生事件、疾病及患者等领域。美国政府在应对突发公共健康问题上的研究多以国家安全、应对策略、学科交叉和医疗发展为重点，日本侧重于国家立法，澳大利亚则侧重于建立统一的行政机构，并建立了应对突发公共健康问题的法律体系。

在突发公共卫生事件研究方面，国外起步较早，进行了相关实践探索，且也取得了非常丰硕的研究成果，可为我国在该方面的研究提供经验，利于提高我国在该方面研究的科学性。美国、日本和澳大利亚多为突发公共卫生事件发生之地，以此为例进行分析，具有一定的借鉴和参考意义。

在应对突发公共卫生事件方面逐渐形成了较完善的网络体系，为政府应对此类事件提供参考信息。其研究成果，主要围绕四个维度展开：第一，围绕"突发公共卫生事件与国家安全的联系"而展开的研究。美国国核管理委员会（NRC）建立新的信息管理系统，即"威胁警告系统"，该体系以国家安全顾问系统为基础，将危机划分为五类，从高到低依次为红、橙、黄、蓝、绿五种颜色，以提高监控精度。《疾病改变历史》是弗雷德里克·F.卡特、赖特、迈克尔·比迪斯的一部重要著作，它是一部具有划时代意义的医学社会史，它揭示了传染病引发的公共健康危机在人类与疾病的斗争中的作用。1918—1919年，流感全球大流行，约翰·M·巴里由此撰写了《大流感——最致命的瘟疫史诗》，并被美国科学院评选为2005年度科学和医药类最佳书籍，本书既探讨了这场大流感的发生、发展和肆虐，又以更多的线索展开叙述，阐述了科学、政治、文化的相互作用。于群在美国国家安全问题研究中发现，突发公共卫生事件对美国政治安全、军事安全、经济安全、社会恐慌、城市动荡、海外利益和外交争端等都有一定的影响。

第二，围绕"突发公共卫生事件下的应对策略"而展开的研究。随着突发公共卫生事件的频发，美国政府在国内民防体系中嵌入对突发公共卫生事件的应对，并将应对此类事件的职责由社会领域转移至政府公共卫生部门。在公共卫生紧急备灾、应对和恢复的背景下，迈克尔认为社区对备灾、救灾和恢复的贡献是不可忽视的，公共卫生应急决策者应与其管辖区内的社区保持有效关系，这样才可以更好地履行其职责。社区复原力是应对公共卫生应急的一种新兴方法，包括个人备灾，以及在社区建立支持性社会环境，以抵御灾害和从灾害中恢复。面对突发公共卫生事件，世界卫生组织根据《国际卫生条例》成立突发事件委员会，研究应对新冠肺炎的战略准备与应对计划。

第三，围绕"突发公共卫生事件所引发的交叉研究"而展开的研究。在世界范围内，每年超数百万人受到突发公共卫生事件的冲击影响，1991—1997年间每年在非粮食紧急救援上支出超过20亿美元，面对此类情况，巴纳特瓦拉·N.指出应从人道主义角度进行突发公共卫生事件干预并探索其促进机制。要使人道主义组织有效应对复杂的危机，则需要最新的循证指南，COVID-19危机大流行为人道主义相应证据提供新线索，改善未来的人道主义响应。突发公共卫生事件还促进了与统计学的交叉研究，斯特拉顿通过统计学研究由寨卡病毒引起的突发公共卫生事件，指出了测量人群疾病频率在早期识别和监测突发公共卫生事件中的作用。柯·让·伊将慢性病与突发公共卫生事件交叉研究，指出突发公共卫生事件的发生，导致慢性病相关的发病率和死亡率增加，需要做好家庭应对自然或人为灾难的准备。罗森鲍姆·S.研究《紧急医疗和积极劳动法》，并从个人保护和社区范围的健康角度审视了《紧急医疗和积极劳动法》的演变，讨论了该法律对公共卫生政策和实践的影响。

第四，围绕"突发公共卫生事件下的医学研究"而展开。突发公共卫生事件的发生推动医学研究不断发展，丹尼尔·A.波洛克从疾病、伤害和健康风险的监测，医疗保健的可及性，提供临床预防服务和制定政策以保护和改善公众健康四个方面进行急诊医学与突发公共卫生事件的研究，并促进了两方面现有及未来快速发展的联系。爱德华·N.巴特尔将急诊医学、突发公共卫生事件、应急管理等合并为医学前沿项目，采用非专有的"开放系统"报告患者数据，并可利用网络技术在短时间内部署这些标准化工具。急诊医学作为二级疾病预防的全球学科，同时也是一级预防的工具，对自然和人为突发公共卫生事件的预防和治疗方面都具有重要的作用。面对新型冠状病毒所引起的突发公共卫生事件，美国国家科学院、工程院和医学院就改变公共卫生应急准备和响应研究的基础设施、资金和方法进行报告，以确保此类事件下各资源的最佳安排。

日本在处理突发公共健康问题上采取了"立法先行"的策略。日本的人口数量庞大，国土面积有限，长期以来，日本的麻风病、肺结核是两种主要的传染病。19世纪末期，日本出现麻风、肺结核等传染病，引起民众极大的恐慌，为应对这类传染病所带来的负面影响，明治政府于1980年颁布《传染病预防法》，开始了对传染病的法律控制。在1905年，首次提出了传染病患入院隔离。1907年，日本政府发布了《麻风病预防相关事宜》，规定麻风病病人必须接受隔离治疗。日本在1998年左右先后出台了多项法律，其中包括《传染病预防与传染病患者的医疗法》《检疫法》《艾滋病预防法》《关于后天性免疫力不全性传染病的预防指针》。同年10月，日本将三部与传染病有关的法规整合为《传染病预防和传染病患者医疗相关法律》。在此之后，该法逐步更新，其中包括将传染病进行分类分级管控，以促进国家一级依法处理突发公共健康事件。日本于2012年3月9日投票通过了《新型流感对策特别措施法案》的修正案，这是为了更好地应对这一突发公共卫生事件，也是日本政府为了应对这场疫情而颁布的《紧急情况声明》。此外，日本还制定了《卫生危机管理基本准则》《地方卫生危机管理指南》等相关政策文件，构成了应对突发公共卫生事件的法律法规的完整体系。

此外，日本还拥有着完善的传染病控制系统和控制机制。其医疗卫生管理体系有国家厚生劳动省—都道府县医疗卫生局—市町村保健卫生部局、厚生劳动省—都道府县保健所—市町村医疗中心（市町）医疗机构。传染病防治系统总体上可以划分为三大部分：情报收集与评估、决策与实施、信息公布。日本建立了一个清晰的政府机构，一个清晰的公共卫生应急管理系统，这对于预防和处理这类事件具有十分重要的意义。

澳大利亚的紧急事件处理制度可以追溯到20世纪80年代，当时为了应对突发的公共卫生事件，设立了一个健康保障委员会，负责计划、准备、协调和决策。2011年，国际卫生组织理事会颁布了《国家卫生应急反应安排》，介绍了在突发公共卫生事件下的执行部门、安排和机制，以便在这方面加强部门的协调应对。澳大利亚还设立了三级突发公共卫生事件的实施单位，即澳大利亚国家卫生部、卫生保护署和州卫生署。国家卫生部在突发事件中发挥主导作用，能够充分领导和协调各个部门的人员和物质资源；健康保护处只负责日常疾病的防治和政策日程；州政府和领土卫生局的职责是制订各种突发事件的方案，并根据方案进行统筹安排，协调辖区内的卫生机构，监督可能和已经出现的公共健康状况。澳大利亚建立了医疗救援队，灾害心理健康工作组，公共健康实验室网络，传染病网络，国家医疗储备、医疗援助团队。从总体上看，政府通过整合各级资源，提高了预防、准备、响应和恢复的能力。

在法律法规上，澳大利亚与其他发达国家一样，逐步形成了一套比较完善的法律制度，以应对各种突发公共卫生事件。澳大利亚紧急事件法律分为四个层次，分别是宪法，法律，行政法规，各种规范、准则和标准。在宪法一级，联邦政府在处理突发公共事件的过程中起着主导作用。自1908年起，澳大利亚联邦政府颁布了《检疫法》《灾难管理法》《国家卫生安全法》等相关法规，以应对各种突发公共健康问题，并对各州和联邦政府的工作进行调整和调整。澳大利亚是一个联邦制国家，联邦和各州都有立法权力，各州都会制定关于紧急情况的法律来应对突发公共健康问题，例如《新南威尔士州突发事件与援救管理法》，以及昆士兰州于2003年颁布的《昆士兰州灾难管理法》。在"紧急事故法"层面，"条例"是对"紧急事故法"的一种完善与补充，使得有关的"紧急事故法"更加具有针对性和可操作性。在应急管理规范、准则和标准等方面，主要是《国家紧急风险评估指南》等公开发布的、以法律为基准但不强制实施的文件。澳大利亚的法律制度整体上是一个层次的，它是国家在处理突发公共健康问题时制定的法律框架，同时也是各州政府、组织和联邦政府之间的有效协作。

1.3.1.2　住宅建筑防疫应急设计

通过VOSviewer软件对突发公共卫生事件和住宅防疫应急设计等关键词进行检索，并对文献的摘要与关键词进行数据分析，发现多个国家提高了在突发公共事件下的住宅防疫应急设计方面的重视度。如图1-2所示，2000—2020年外文文献中关于公共突发卫生事件与住宅建筑防疫应急设计关联度与热点的分析表明：在突发公共卫生事件下，关于建筑整体层面的研究相对较多，但却较少着眼于住宅建筑领域。通过对文献整理发

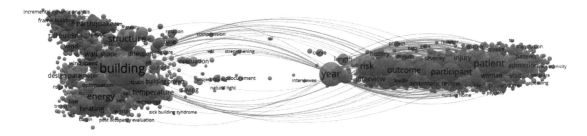

图1-2   2000—2020年突发公共卫生事件及建筑应急设计热点分析

现，美国于此方面的研究为"防灾社区"的提出与建设推进；日本多为细化应对突发公共卫生事件的层面，由城市落实到具体社区，同时重视新型灾害风险治理框架的研究，以应对不同类型的突发公共卫生事件；澳大利亚研究主要表现在提高社区的防疫应急管理能力，并提出"有准备的社区"这一理论概念。

美国在1979年4月建立了联邦应急管理局，这是一个基于总体管理能力的紧急事件管理系统。由于受到炭疽病等突发公共健康问题的影响和冲击，美国于1997年在全国开展了"防灾社区"活动。"防灾社区"是以联邦及当地各机关的支援、居民防灾意识的培养、进步与合作、灾害资讯的交换，来强化社区的准备、应变与复原能力。钱德拉·安妮塔通过对保健和社区组织基线调查的记录进行了分析，认为应该加强防灾活动和参与，加强当前的合作伙伴关系，促进复原力的教育，促进防灾和社区保健。犁·阿朗佐也在研究社区抗灾能力，他认为，社区恢复能力的建立是许多联邦政府政策中的一个重要内容，它是一种新的应急措施，以应对突发公共健康问题。威尔斯·肯尼思·B.相信，建立"防灾社区"的首要任务是开展各项筹备工作，并建立一个有效的"防灾社区"架构，借由交换资讯，促进社区间的合作。

日本由于处于亚欧板块和太平洋板块的交接处，为灾害多发的国家，除却建立完善的法律体系和健全的传染病防控体系及管理机制外，为应对突发公共卫生事件，防灾减灾也从宏观的国家层面进一步推进到中观的城市及社区层面。日本防灾社区的营建始于20世纪80年代，社区规模的营造分为日常生活圈、市街、街区、住宅建筑四个层次，从规划边界构建防灾空间骨架、置入避难设施、提高住宅建筑防灾安全性三方面推进防灾社区的建设。池田三郎经研究提出新型灾害风险治理框架，作为应对突发公共卫生事件的实施战略，该框架重点在于加强当地社区的非正式或社交网络联系，而不是依赖正式或机构的政府援助，来增强自力和互助。在应对突发公共卫生事件上，日本发展出成熟的资源整合方式，即直管型危机管理机制，并在此机制下，提出"公助+共助+自助"的减灾理念，且强化"公救+互救+自救"的合作关系。

澳大利亚的社区应急管理是在发生重大灾难的背景下发生的，它在SARS、流感、荨麻疹等一系列突发公共卫生事件中积累了大量的经验。通过事件的回顾，可以归纳为以下三个时期：第一个时期是1958—1973年，澳大利亚政府在立法层面上对政府的工作进行了界定，但是没有参与的社区处于消极的地位；第二个时期为1974—2002年，这一时期建立了一个加强社区应急管理能力的自然灾害机构，从概念上的规划转向了实际的实施；第三个时期是2003年到现在，由于SARS等突发公共卫生事件的影响，澳大利亚政府制定了更多的法规，以提高对这类事件的处理和应对措施，使社会在紧急情况下更加趋于成熟。马鲁帝建议，除了强化社区应急管理系统外，居民也应积极参加社区防灾工作，以提升他们的工作效能。与此同时，澳大利亚紧急事态管理署也提出"有准备的社区"的概念，目的是针对各种突发公共卫生事件，制订各种应急计划，并不断完善与更新。

1.3.2 国内研究现状

1.3.2.1 突发公共卫生事件研究

通过中国知网（China National Knowledge Infrastructure）软件对中文文献的摘要与关键词进行数据分析，发现对于突发公共卫生事件下的研究在2003年和2019年呈现出明显的上升趋势（图1-3）。2000—2020年中文文献中关于突发公共卫生事件与COVID-19的发文量与热点分析表明：SARS病毒和新型冠状病毒肺炎的突发推动了在突发公共卫生事件多方面的研究发展，在社区疫病防控至社会治理体制建设等多领域都有所涉及。

进入21世纪以来，我国经历了两次重大突发公共卫生事件，分别是暴发于2003年的SARS事件和暴发于2019年年末的新冠肺炎疫情。两次重大突发公共卫生事件都给我国社会及社区治理体制敲响了警钟。

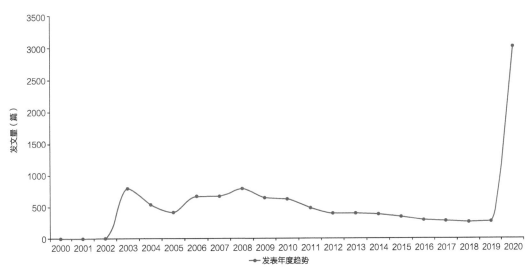

图1-3 2000—2020年国内突发公共卫生事件热度分析

疫情防控对突发公共卫生事件的影响不容忽视。孙炳耀（2003）认为，疫病的防治，有利于早期发现和诊断传染病患，并能发现传染源，为防治疫情发挥了积极的作用；同时，社会治理体系的构建对于我国的突发公共卫生事件的处理具有十分重要的意义，而完善的社会治理体系则是有效的保证。谢胜宝（2003）通过对社区在SARS防治中的作用进行了分析，认为社区卫生工作滞后于社区，可以通过多种方式来加强社区的防疫功能。

新冠肺炎疫情的暴发，使得我国的研究重点重新转向了公共健康政策和社区规划制度建设。曹志平（2021）、王延隆（2021）对我国百年来的公共卫生政策的叙述演变与基本经验进行了分析，指出医疗卫生政策应坚持制度内生性演化与自觉性建构的统一、政策整体布局与循序渐进的统一、发展目标追求公平与效率的统一。刘国佳（2021）从政策主体、政策工具、政策效力三个维度分析新冠肺炎疫情对社区管理产生的突然冲击和影响。李欣蓉（2021）以社区为基础，从多个方面探讨了加强社区防疫能力的对策。"平疫结合"在我国已逐渐成为一个热门课题。梅磊（2020）认为，我国目前仍存在注重日常卫生而缺少紧急应变的问题，健康社区的再定义，包括空间介入与社区管理，健康住宅、交通、环境、设施、社区组织、基层赋能、宣传教育、智慧管理八要素构成的"平疫结合"健康社区规划系统。邓国璋（2021）的研究结果显示，新冠肺炎疫情已经成为推进我国智慧社区和健康社区发展的一个重要契机。

1.3.2.2 住宅建筑防疫应急设计

我国关于突发公共卫生事件下的住宅防疫应急设计主要开始于2003年，研究热点主要集中于健康住宅、建筑环境和影响住宅安全的因素等方面。2020年，在这些方面的研究迎来新一轮的进展，研究领域扩大到疫情防控、人居环境和住宅小区防控等方面（图1-4）。

2003年SARS疫情的暴发，引起了我国传染病防治工作的高度关注。郭颖（2003）对后非典时期传染病医院的规划进行了探索，认为在宏观上要坚持"平战结合"，在微观上要做到"洁净、分区、医患分流"。在住宅防疫应急设计研究上，多侧重于建筑布局和通风研究。在这类公共卫生事件的冲击下，针对我国居民的健康问题逐渐转向了对突发公共卫生事件的延伸研究。孟晓苏（2003）认为必须加强下水道的质量与通风排风能力、垃圾处理能力，以改善社区的居住环境质量。2019年年末COVID-19疫情的暴发，进一步促进了居家传染病防治工作的开展。王建国（2020）等通过对当代城市、新型人居、建筑设计的思考，指出城市设计、城市治理与管理也要有针对性、科学化的回应，老城区、城中村、传统民居等，应对突发事件进行必要的空间场地建设。庄惟敏表示，建设环境利用后评价资料库，不但能让建筑更美观、更好用，更能成为国家的重要战略储备，并能帮助国家在重大紧急情况下作出积极反应。韩冬青则从"分"和"共"

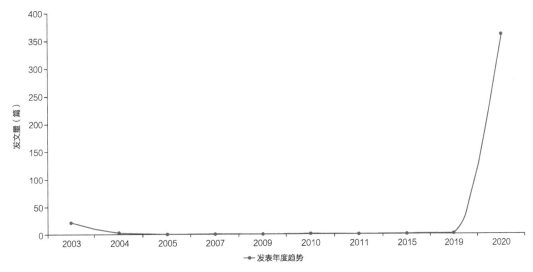

图1-4　2000—2020年国内突发公共卫生事件下的住宅研究热度分析

两个方面对城市空间单位的组织设计进行了讨论。刘东卫（2021）就我国住宅建筑的卫生防疫进行了前瞻分析，指出我国住宅建设既要重视全球人类健康与人居生存安全的重大问题，还要思考如何应对新冠病毒肺炎等类似突发疫情防控的新课题。

1.3.3　国内外既有研究现状评述

经过对文献的梳理总结可以发现，建筑的防疫应急能力一直是国内外研究的热点问题，有关建筑于防疫应急能力方面的研究在不断完善。国内对于住宅建筑的防疫应急能力设计研究起步相对较晚，大多数的研究借鉴了西方的理论和方法。

根据对国外相关文献的整理，可以发现各个国家在不同的环境下，采取了特有的应急措施，建立相关法律体系，探索应急管理体系；在住宅建设上，国外的研究多集中于社区层面，以社区为基础，提出防灾、韧性社区的构想和实施方案。通过分析可以看出，在发生突发公共卫生事件时，住宅建筑的防疫应急设计需要进一步探讨，并根据社会需要对其进行全面的改造和提升；在此基础上，要开展多元化、创新性的研究，制订防疫应急能力的规划，并逐步实施，并通过制定相关的法律、法规，逐步实现标准化。

在我国，通过主题词共现矩阵分析可以看出，目前关于住宅建筑的防疫应急研究已逐步成熟，但主要侧重于应急照明、管理、疏散、消防、电气、施工、火灾等方面，而对住宅建筑的防疫应急设计却缺乏足够的重视和研究（图1-5）。在对相关文献进行整理的基础上，笔者认为，我国在应对突发公共卫生事件方面，主要侧重于社会治理体系和公共卫生应急体系的构建；在建筑的防疫和紧急情况下，主要是针对医院平面布局和

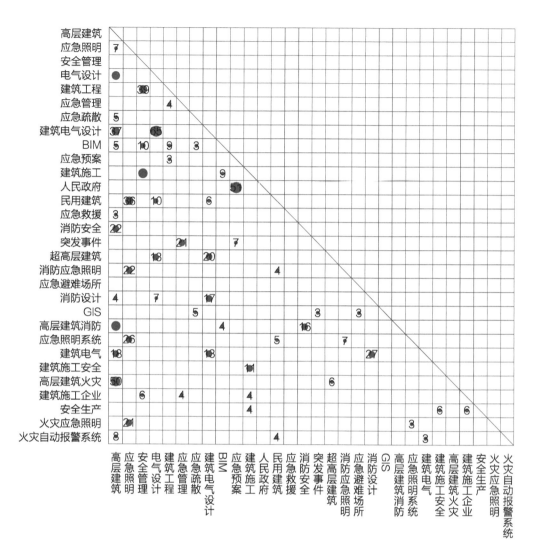

图1-5   2000—2020年主题词共现矩阵分析图

通风设备等设备问题进行研究。

　　综合来说，通过对文献整理分析发现，在研究对象上，基于传染性的公共卫生事件的建筑应急能力于医院等建筑的研究相对集中，极少关注于住宅建筑；在研究内容上，针对住宅建筑的防疫应急能力而言，少数学者关于公共卫生事件下的住宅建筑的防疫应急能力，在照明、消防应急能力方面的研究相对集中；在防疫应急的研究中，多倾向于通风及智慧家居等方面，既有住宅建筑防疫应急能力的优化提升研究较少。故本书以邯郸市主城区的多层住宅和高层住宅建筑为研究对象，利用实地调研等方法获取住宅建筑的现状，并分析总结住宅建筑在突发公共卫生事件下应急能力的不足，提出具有针对性的设计优化策略并进行案例改造以完善设计优化策略。

1.4 研究内容、研究方法与调研方案

1.4.1 研究内容

本书以邯郸市主城区多层和高层住宅建筑为研究对象，重点探讨在重大突发公共卫生事件下，通过对住宅建筑户内空间、单元公共空间和室外空间三个方面进行防疫应急设计，以达到在非常态下提升居民居住舒适感与安全感的目的。本书核心内容分为以下四部分：

第一部分主要为前提研究。首先分析研究背景——重大突发公共卫生事件下住宅建筑防疫应急能力不足，以确定研究的目的、意义与创新点，进而确定本书的主要研究对象并对研究对象进行相关释义，依据以上研究内容，结合研究方法归纳总结形成本书的研究技术路线。

第二部分主要为基础理论研究。首先对住宅建筑防疫应急设计理论即韧性城市理论、健康城市理论、居住行为理论和马斯洛需求层次理论进行梳理研究，而后对相关设计规范进行分析整理，并对与课题相关的国内外文献进行研究综述，明确研究成立的前提。以此为基础，综合相关理论、建设设计规范和国内外文献综述，为本书课题的研究提供理论基础。

第三部分是本研究的核心内容。首先，根据邯郸市主城区多层、高层住宅建筑的发展，将其划分为多层住宅起步、发展和转型以及高层建筑起步、发展和涌现六个阶段，并选取具有代表性的多层、高层住宅，通过现场调查、居民访谈等方法，对当前建筑防疫应急能力的现状进行了详细的调查和整理；其次利用五级李克特量表对各个空间要素进行定量化；然后，利用实地调查问卷调查的数据进行序列回归，通过横向比较，总结归纳出个性和共性问题，明确住宅建筑的防疫应急改造重点。

第四部分为设计提升研究。针对现存问题，提出相应的改造设计原则，并在设计原则下，从户内空间、单元公共空间和室外空间三方面提出住宅建筑的改造策略。

1.4.2 研究方法

1. 文献分析法

本书从住宅的防灾应急设计出发，对国内外有关理论和实践进行了深入的探讨，并结合文献与最新研究动态，为研究提供了理论支持和基础。在文献资料方面，包括正式出版的中外学术著作、期刊论文、会议文集、法律规范等；在网络资源方面，包括卫生部、国家卫生健康委员会、住房和城乡建设部等官方网站的相关信息；在调查资料方面，包括相关图纸和研究报告等。

2．实地调研法

本书选取邯郸市五个多层住宅、四个高层住宅为案例进行实地调研，掌握住宅建筑防疫设计现状的一手资料。首先，通过实地调研的方式收集住宅建筑的基础资料和防疫设计现状特征；然后采取问卷调查的方法，掌握居民对建筑防疫应急设计的认知程度及满意度，并对调查结果进行整理和分析，作为后续研究的依据，以便提出恰当、合理的设计策略。

3．对比研究法

在查找收集调研资料的基础上，整理和总结不同类型住宅建筑的防疫应急能力差别，探究各个差别所产生的原因，发现在防疫应急设计上存在的不足。

4．交叉研究法

本次研究涉及建筑学、心理学、社会学、医学等多种学科的理论和知识，因此采取交叉研究法，综合运用各个学科的理论及知识，探讨基于重大突发公共卫生事件下的住宅建筑防疫应急设计策略。

5．分析归纳法

通过对邯郸市主城区住宅建筑的调研结果进行分析，归纳总结出住宅建筑在重大突发公共卫生事件下存在的问题；通过对住宅建筑现状问题的具体研究，基于韧性城市等理论的指导，系统性地提出住宅建筑的防疫应急设计策略。

6．数理统计分析法

使用SPSS数理分析软件对调研数据进行序次回归分析，定量描述解析研究区域范围内户内空间、单元公共空间和室外空间三方面对住宅建筑防疫应急设计的影响特征。

1.4.3 调研方案介绍

1.4.3.1 调研方法

调研内容为邯郸市主城区住宅建筑的户内空间、单元公共空间及室外环境三大方面。

1．客观数据测量

数据测量主要包含住宅建筑平面及小区建筑布局两部分内容。住宅建筑平面包括建筑面积、房间布局等内容；小区建筑布局主要包括楼间距与小区绿化、道路等内容。

2．主观问卷调查

本研究以问卷的方式，获取居民对住宅建筑的防疫品质、隔离功能的主观意见。由于居民长时间在住宅户内活动的时间段多集中于非工作日，所以主观问卷也会选择在这一时段进行，以更真实、更完整的状况反映住宅防疫品质与居民主观使用感受。

1.4.3.2 **调研步骤**

1. 建筑测绘

筛选有代表性的住宅建筑，对建筑的平面布局、空间构造进行测绘。邯郸市主城区现有住宅小区建设时间跨度大，许多前期的技术图纸很难获得，所以必须实地勘察与测绘，并对所调研区域的住宅户型和类型进行归纳，初步了解当前住宅建筑的防疫设计现状。

2. 拍照记录

以实地考察的方式，有意识地查找和记录居民的防疫应急行为特点，并在此基础上，找出基于突发公共事件的应急防疫设计、人性化细节、有待改进的空间和具有研究价值的内容。

3. 问卷调查

与居住小区的住户进行面对面的沟通，以获得有关突发公共健康突发事件的直接信息，并对其进行数据分析与总结。

1.4.3.3 **误差与局限性**

在问卷调研和实地调研的过程中，存在多种难以预料和不可控制的因素会对结果产生影响，明确调研过程中的局限性及不可避免的误差，有利于得到客观和相对准确的调研结果。

1. 建筑测绘误差

在测绘建筑平面布局时，由于测距仪操作过程中难以保证水平以及其本身误差，因此会导致测绘平面数据与实际情况有一定的出入；同时，由于部分住宅建筑的单元门紧锁或禁止进入使得少数房间无法测绘。虽然测绘平面布局有一定的误差，但整个建筑布局关系基本准确。

2. 主观问卷调研误差

因调研形式等原因，填写问卷的调查对象大多是中青年，所以调查的对象并不能覆盖全年龄段，而且有些居民对调查内容的正确理解会出现偏差，他们的态度和情感也会对调查的结果产生影响。在居民满意度调查中，居民的感觉是以定性描述为主，缺少一些仪器设备辅助的量化数据，因而存在着一定的误差。

1.5 创新点

城市安全是城市发展与建设的基础，小区作为城市的细胞，其防疫应急能力短板不容忽视。而我国城市存在大量的既有住宅建筑，且大部分缺乏防疫应急能力的设计。本书基于现场调研，分析总结现有住宅建筑存在的不足及问题，并提出了相应的设计优化策略，主要创新点如下：

总结了现阶段我国居民住宅防疫应急能力存在的问题。本书从建筑空间设计的角度对住宅建筑的风险划分进行了系统的梳理，将住宅建筑分为户内、单元公共及室外三类空间，并力图总结归纳各类空间在防疫应急方面所存在的共性不足问题。

结合各种不同的理论，对城市住宅建筑的防疫应急设计和优化进行了探讨。基于对邯郸市主城区住宅建筑的实地调查与分析，结合多种理论，从住宅建筑内部空间、单元公共空间、户外空间三个角度，对住宅建筑的防灾应急设计进行了具体的优化，并结合具体实例进行了优化。

1.6 技术路线

本书秉承"提出问题—分析问题—解决问题"的研究思路，命题紧密围绕重大突发公共卫生事件下的住宅建筑防疫应急设计，通过对邯郸市主城区住宅防疫应急现状的调研，结合现状调研结果进行综合分析总结，最终提出重大突发公共卫生事件背景下的住宅建筑防疫应急设计策略。本书技术路线如图1-6所示。

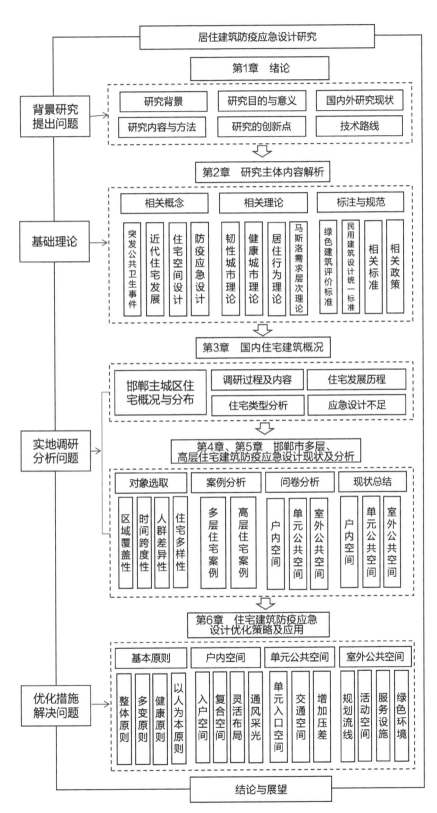

图1-6 研究框架

1.7 本章小结

本章提出了本书的研究背景，确定了本书的选题思路；在此基础上，对本书的研究目的、意义、创新点、研究对象、研究内容和方法等进行了论述，并从实际和可行性两个方面提出了本书的理论基础；最后，对研究的技术路线进行了初步的界定，明确了研究框架。

第 2 章
研究主体内容解析

2.1　相关概念界定

2.2　相关理论内涵

2.3　现行住宅建筑防疫相关规范

2.1 相关概念界定

2.1.1 突发卫生公共事件概述

突发公共卫生事件是突发公共事件中的一个子概念。《中华人民共和国突发事件应对法》第三条规定：突发公共事件包括自然灾害、事故灾难、公共卫生事件、社会安全事件四大类。突发公共卫生事件是指突然发生，造成或者可能造成社会公众健康严重损害的重大传染病疫情、群体性不明原因疾病、重大食物和职业中毒以及其他严重影响公众健康的事件。根据突发公共卫生事件性质、危害程度、涉及范围，突发公共卫生事件可划分为特别重大、重大、较大和一般四级。突发公共卫生事件具有十个特点，分别为成因的多样性、分布的差异性、传播的广泛性、危害的复杂性、治理的综合性、新发的事件不断产生、种类的多样性、食源性疾病和食物中毒的问题比较严重、公共卫生事件频繁发生和公共卫生事件的危害严重。

在诸多突发公共卫生事件中，传染性公共卫生事件具有渐进性和突发性的特点，其危害的严重性、影响持久性、影响范围均居首位，其预测与控制也是世界性的问题。这些突发公共卫生事件已成为危害人类健康和社会经济发展的重要原因。因此，将传染性突发公共卫生事件的危险降到最低限度，既是一个社会可持续发展的重要保障，又是衡量一个国家整体实力的一个重要标志。

总之，健康是促进人的全面发展的必然要求，是经济社会发展的基础条件，是民族昌盛和国家富强的重要标志，也是广大人民群众的共同追求。我们必须加强对突发传染病的防范意识，加强防范措施的科学性和实施性。因此，本书将重点放在具有传染性的突发公共卫生事件上，并以此为背景，来讨论如何提高居民住宅建筑的防疫应急能力。

2.1.2 住宅建筑的分类与定义

1. 低层与多层住宅

《民用建筑设计统一标准》GB 50352—2019中规定，建筑高度不大于27.0m的住宅建筑、建筑高度不大于24.0m的公共建筑及建筑高度大于24.0m的单层公共建筑为低层或多层民用建筑；在《住宅设计规范》GB 50096—1999以及《民用建筑设计通则》GB 50352—2005中规定过"住宅按层数划分四层至六层为多层住宅"。而在《住宅设计规范》GB 50096—2011中已经取消了多层住宅的概念，但是目前很多规范在界定住宅的标准要求时，仍是以层数来划分，邯郸市现存的多层住宅中多数为四到七层。本书中研究的多层建筑是指在邯郸市主城区内现存的、建设于1978年及之后的、具有合法权属证明的、建筑总层数四层、五层、六层、七层的住宅建筑。

与多层住宅建筑相对应的是低层住宅建筑与高层住宅建筑。与低层住宅建筑相比，多层住宅建筑存在公共交通空间且人口密度更是远大于低层住宅建筑，故在面对突发公共卫生事件时风险更大。20世纪70年代高层住宅开始在中国出现，并随着经济与人口的增长迅速发展。相较于高层建筑，多层建筑在中国的存在时间相对更长，且老旧小区多为多层住宅建筑，其布局以及建筑设计使得其在疫情防控中面临更大的问题。其次，高层住宅的建设在三四线城市造成了"空屋"的大量出现，进而推动了低密度多层住宅建筑的再次发展。无论是相较于低层住宅还是高层住宅，突发公共卫生事件下的多层住宅建筑极具研究价值。

2. 高层住宅

《建筑设计防火规范》GB 50016—2014（2018年版）指出："建筑高度大于27m的住宅建筑为高层建筑。一类高层住宅指建筑高度大于54m的住宅建筑（包括设置商业服务网点的住宅建筑）。二类高层住宅指建筑高度大于27m，但不大于54m的住宅建筑（包括设置商业服务网点的住宅建筑）"。

在同等占地面积下，高层住宅能够获得更多的建筑面积，大大减少了土地资源的浪费。住宅提升了高度，为了防止楼层间的遮光，就会进一步扩大各个楼之间的距离，这样就得到了更好的视野。但是其缺点也十分明显，如果发生特殊状况要进行疏散，这就比较困难。要设置两大疏散口，这就使住户承担了更多的公摊面积，也就在一定程度上减少了高层住户的居住面积，使住户的得房率也就大约为百分之七十。而低层以及多层的有利条件也是十分突出，例如它们的高度低，发生特殊状况时可以轻松进行疏散，比较安全，更多地得到了人们的喜爱。同时其有着非常小的公摊，住户的实际居住面积就大。另外，其有着比较低的人口密度，生活的环境也更优良。但是其也存在缺陷。现在城市中的土地资源是十分有限的，建造众多的低层或是多层建筑，就大大减少了土地资源的利用率，使城市用地愈加紧张。经济迅猛发展，随之越来越多的人会进入发达城市。这就要求城市给众多的人提高住房，满足他们的居住需求，但是其资源十分有限。所以，就要在这有限的土地资源上建造出更多的住宅。而高层住宅即是现在最好的一种办法。科技在不断进步，随之高层住宅也更加安全、舒适，并且和低层以及多层住宅并没有多大的本质上的区别，但是高层住宅极大地节约了土地，所以其具有良好的发展前景。

2.1.3 住宅建筑防疫应急设计

《汉书·平帝纪》中提到，元始二年，曾有"有病之人，舍空邸第，为置医药"，强调"隔离"是一项重要的防疫措施，并推行实施。2003年淘大花园感染SARS的案例显示，健康住宅的建造，不但要从住区规划、住宅设计、设备配置、管线布排、环境配套设计等方面加以强化，而且要从设计、理论等方面进行深入的探讨，从建筑设计、理论等方面，从建筑的源头上消除安全隐患，避免历史的重演。

本书主要研究的是在突发公共卫生事件的环境下，住宅建筑的防疫应急"能力"，从个体层面上来讲是指个体在实现某一目标过程中解决所遇到问题的综合能力。从组织层面来讲，是指组织在实现其目标的过程中所展现的效率、能力和水平。所以，在此将防疫应急能力定义为住宅建筑面对突发公共卫生事件的综合应对能力，主要包括户内空间、单元公共空间和室外空间三个方面。

2.2 相关理论内涵

2.2.1 韧性城市理论

2.2.1.1 韧性定义研究

"韧性"（Resilience）一词是"resile"的名词形式，最早源于拉丁文"resilio"，意为"弹回、恢复原状"，主要用来描述材料的稳定性和外力作用下恢复形变的能力，可以理解为"复原到原来的状态"。后随着系统学的兴起，该词被不同学科赋予了不同含义，后被应用于工程系统、生态学研究、社会生态学系统等不同领域。工程系统中认为韧性是单一、静态的平衡，主要特征为效率性、恒定性、可预测性，系统模式为被动，韧性的主要体现为恢复能力；在生态学系统中，韧性为动态、复杂的平衡，主要特征为非线性、持久性、变化性、不可预测性，系统模式同样为被动，韧性的主要体现转变为抵御能力、适应能力；在社会生态学系统中，韧性为动态、复杂的平衡，特征为不确定性、变化性、非线性、持久性、自组织性、不可预测性，系统模式转变为主动式，韧性主要表现为抵御能力、适应能力、学习能力、转换能力、自组织能力（图2-1）。韧性理论经历了工程学、生态学和社会生态学的演进研究，明确韧性是复杂系统的固有能力，该能力是一个能力的集合且具有一定的过程建设性。

2.2.1.2 韧性城市理论研究

20世纪90年代，韧性理论被引入人居环境的研究领域。在城市化快速发展的同时，城市作为一个庞大的、开放的、复杂的体系，也面临着越来越多的不确定性。面对突发的自然灾害和人为灾害，人们常常会显露出脆弱的一面，而这也日益成为制约城市可持续发展和生存的"瓶颈"。如何增强城市体系在不确定因素下的抵抗能力、应变能力和适应性，增强城市规划的先进性，已成为当今世界各国城市规划界的一个重要课题。

"韧性"概念的提出，为解决这个问题提供了新的思路与方案。"韧性城市"是指一

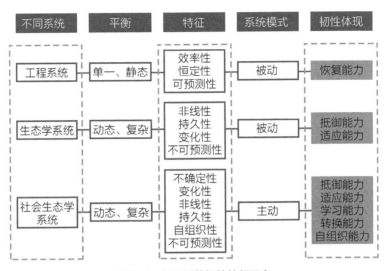

图2-1　不同系统韧性特征研究

个具有足够容纳、维持当前和未来社会、经济、环境和科技发展所产生的巨大压力的城市。与此同时，各城市也要制定应对气候变化危机的计划，加强在基础设施和自然环境方面的适应性。也就是说，当灾害发生的时候，韧性城市能承受冲击，快速应对、恢复，保持城市功能正常运行，并通过适应来更好地应对未来的灾害风险（图2-2）。

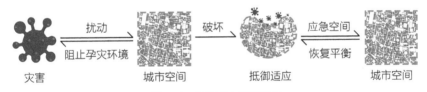

图2-2　韧性城市原理示意

随着对"韧性城市"认识的深化和扩展，学界对其界定存在着不同的见解。从总体上看，韧性城市是由"技术""组织""社会""经济"等多个维度相互作用而形成的，它能够抵御和吸收外部的影响，并保持系统的功能、结构和形态（表2-1）。

韧性城市概念发展梳理　　　　　　　　　　　　　　　表2-1

提出者	概念示意
倡导地区可持续发展国际理事会	韧性城市的核心为"在长期发展中形成面对外来干扰能迅速恢复，承受自身内在变化后能保持相对稳定的城市"
《兵库宣言》（2005年）	把"韧性"纳入灾害讨论的重点，通过降低社会的脆弱度缓解各种危害对城市的冲击，将防灾、减灾、备灾和减少城市脆弱性等纳入可持续发展政策
韧性联盟	韧性城市具有系统消化、吸收外来干扰并能保持原来结构、维持关键功能的能力

续表

提出者	概念示意
联合国气候委员会	用来描述一个系统能够吸收干扰，同时维持同样基础结构和功能的能力，也是自组织、适应性和变化的能力
米歇尔	韧性城市的定义需要考虑不同利益相关者参与的动机、机制和时空跨度，定义必须具有包容性和灵活性。韧性城市是指一个城市系统的能力及其所有组成部分跨越时空尺度的社会生态和社会技术网络，用以在面对干扰时维持或迅速恢复所需的功能以适应变化，并使限制当前或未来适应能力的系统快速转型
戈德沙尔克	韧性城市应该是可持续的物质系统和人类社区的结合体，而物质系统的规划应该通过人类社区的建设发挥作用
唐子来	韧性包含了对外界变化的"抵御和吸收能力、适应和恢复能力、转换和学习能力"
胡啸峰	通过加强城市各子系统对各类突发事件的综合抵抗与恢复能力，降低城市承载体的整体脆弱性，使得一旦发生该类事件可以做到处置及时、应对合理、损失最小化，进而控制风险扩散

城市系统的韧性一方面表现在其面对各种干扰呈现出的稳定性，另一方面表现在系统可以利用干扰，抓住机遇实现创新和转型，因此韧性城市反映的是一个动态过程，是城市适应各种变化与可持续发展的自身适应力。韧性城市的韧性主要包含坚固性、适应性、灵活性、冗余性、多样性、联结性、高效性、智慧性、模块化等特征（表2-2）。

韧性城市的发展为解决城市问题提供了新的思路，在世界范围内形成了一股新的规划与实践潮流。美国匹兹堡在面对环境发展、环境污染等问题时，采取了动态、灵活的

韧性城市特征梳理   表2-2

韧性特征	定义
坚固性	又叫"鲁棒性"，指城市建成环境具有抵抗灾害，减轻由灾害导致的城市在经济、社会、人员、物质等多方面损失的能力
适应性	城市能够从过往的灾害事故中学习，提升对灾害的适应能力
灵活性	不仅强调物质空间环境构建上的因地制宜，还提倡社会机能的灵活组织
冗余性	城市中关键的功能设施应具有一定的备用模块，当灾害突然发生造成部分设施功能受损时，备用的模块可以及时补充，整个系统仍能发挥一定水平的功能，而不至于彻底瘫痪
多样性	考虑"平灾结合"的功能叠加，多种解决问题的途径与办法
联结性	城乡空间单元之间具备多种便捷的交通、通信等联系方式，彼此建立资源、产品、客流、信息之间的廊道
高效性	城乡空间面临外界冲击影响时应具备高效的提前调度与协调的能力，在灾害发生后的救援与自救中应具备快速响应能力
智慧性	有基本的救灾资源储备以及能够合理调配资源的能力。能够在有限的资源下，优化决策，最大化资源利用效益
模块化	韧性的系统往往采取标准化的统一模块组成整体，当某一模块发生故障时，可快速替换备用模块，减小故障对整体系统的影响

规划调整,以形成多元化的创新产业,并为其提供了空间支持;日本东京针对地震、火灾等灾害的处理,对该地区各类建筑物的层高、规模、火灾危险度、建筑物倒塌危险度等进行了详细的规定,并根据其重要性,设置了不同级别的防灾轴线、主要延烧遮断带和一般延烧遮断带;中国上海在面临发展不确定性的挑战时,采取了周期性的规划调整和差异化的用途控制,以达到灵活发展的目的。应通过对各类灾害类型的评价和分析,健全城市的空间韧性体系,采取一系列主动应对的策略,以增强城市的抗灾能力,减少各类灾难对城市空间的破坏(图2-3)。

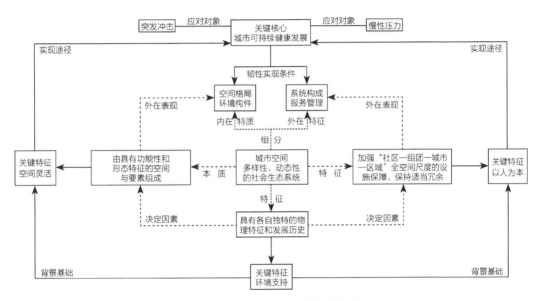

图2-3 城市空间韧性构件概念模型

2.2.2 健康城市理论

工业革命的来临,加快了世界各地的都市化速度,但也造成了史无前例的全球性生态危机。过去一百多年来,基于矿物能源的工业化发展,导致了全球二氧化碳排放量的迅速增加,全球气候变暖,灾害频发,使现代城市发展面临着新的挑战。"健康城市"正是在这样的大环境下产生的,它填补了城市发展观念中关于人类自身需求的不足,试图以人类的基本需求与健康需求为切入点,寻求城市环境、社会等方面问题的解决途径,进而促进城市的公平发展。

"健康城市"一词源于20世纪80年代由世界卫生组织发起的"健康城市"项目,内涵一直在随着社会的发展而不断得到丰富(图2-4)。健康城市起源于对公共健康的研究,其理念演变大致经历了由公共卫生理论主导的狭义健康理念、健康影响因素理论主导的大健康理念以及国家战略主导的广义健康理念三个阶段。

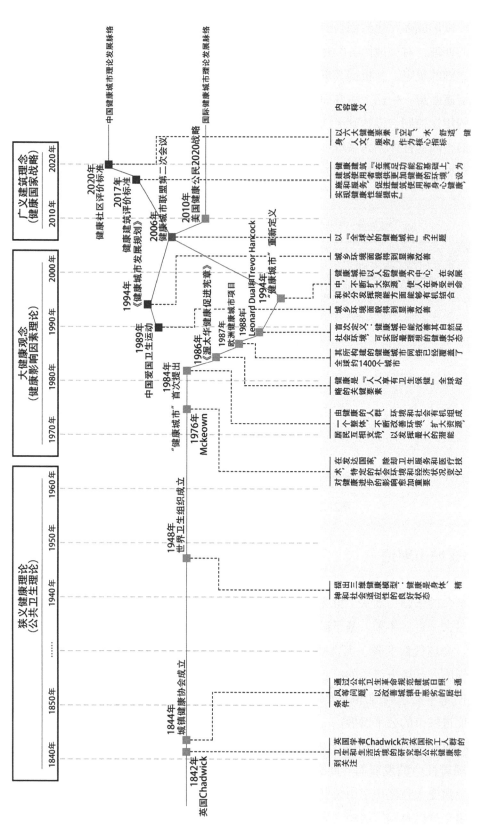

图2-4　健康城市理论发展脉络

在公共卫生理论主导的狭义健康理念阶段，1842年英国学者Chadwick对英国劳工人群的卫生和生活环境的研究使公共健康得到关注。1844年工业革命引发了一系列的城市问题，为应对此情况英国成立"城镇健康协会"，重点在于通过公共卫生革命规范建筑日照、通风等问题，以改善城镇中恶劣的居住条件。1948年，世界卫生组织（WHO）成立，同时提出三维健康模型，即"健康是身体、精神和社会适应性的良好状态"。在该阶段，健康理念仅局限于公共卫生领域，重点在于优化公共环境卫生、提升人群健康服务质量。

在健康影响因素理论主导的大健康理念阶段，1976年Mckeown研究发现，包括英国在内的发达国家，除却卫生服务和医疗技术会影响健康进步，特定的社会环境和经济状况变化对健康进步的影响愈加重要，这一研究具有开创性意义。在此研究之后，世界卫生组织在1984年的"超级卫生保健——多伦多2000"会议上对"健康"作出定义并首次提出"健康城市"的概念；1986年的《渥太华健康宪章》认为健康促进是指一切能促使行为和生活条件向有益于健康改变的教育与生态学支持的综合体，是新的公共卫生方法的精髓，是"人人享有卫生保健"全球战略的关键要素。1987年欧洲部分地区和城市启动了健康城市项目，其所构建的健康城市网络已经覆盖了全球约1400个城市。1988年Leonard Dual和Trevor Hancock首次对健康城市进行完整定义："健康城市是一个能够促使创造和改善其自然和社会环境，扩大社会资源，使人们能够相互支持、履行生命中所有功能，实现可能达到的最理想的健康状态的城市"。1989年，中国开展"爱国卫生运动"，建成一批国家卫生城镇，城乡环境面貌得到显著改善。WHO提出健康梯度模型，表示健康是诸多因素综合作用的结果，社会分层结构、文化信仰和经济发展差异被统称为影响健康的社会环境特征。随着对健康决定因素研究的深化，在20世纪80、90年代，现代健康城市理论趋于成熟，将健康城市生态系统的范围由自然环境和居民健康两方面，扩充为包含社会、环境、健康的三方面。1994年WHO重新定义健康城市，即健康城市以人的健康为中心，在不断开发、发展自然和社会环境的过程中，不断扩大自然和社会资源，成为人们在享受生命和充分发挥潜能方面能够有机结合的发展整体的城市。

在国家战略指导下，健康城市建设与实践取得了长足的进展。21世纪，随着城市化、工业化进程的加快，人口老龄化、生态环境恶化，各国纷纷制定了相应的"健康城市"规划。我国于1994年制定了《健康城市发展规划》，大力推进"健康城市"的建设；2006年苏州承办健康城市联盟第二次会议，该次会议以"全球化的健康城市"为主题，为新时期中国健康城市运动的进一步发展奠定了基础。在世界范围内，许多国家都在积极探索健康都市，如欧盟健康计划、健康日本21世纪计划、美国健康公民2020计划等。新时代的卫生观念将卫生作为一项重要的公共政策考虑，努力减少各类危险因子。

随着健康城市理念的扩充与发展，可见健康城市既不是指某个城市建设项目，也不是指达到特定状态的城市，而是指从城市规划、建设到管理各个方面都以人的健康生活和发展为重，为居民充分发挥积极性和能动性提供良好的自然和社会环境，以实现健康人群、健康环境和健康社会的有机统一为目标的思想观念。

2.2.3　居住行为理论

这一理论从人的视角入手，以我们人类居住的生活形态为背景，对居住行为与居住空间存在的相关性进行了分析，着重通过空间形态的演变以及其不同处，发现它们之间的相关特点。就居住行为而言，居住形态即它的分析目标，人类平常的活动是其重要的一方面，当然其也包含了活动场所。对居住形态又能够进一步划分，分成两类，一类是居住空间形态，另一类是居住行为形态。所谓的居住空间形态，即大众的居住方式于物质空间中的一种体现。它的形成因素涉及特定的时间以及区域，也和特定群体的居住行为有着密切的关系。它的表现形式也会展现出显著的区域以及历史特点。居住行为形态即大众居住方式于行为中的详细展现，一方面涉及大众居住场所位置的确定以及建设，另一方面也涉及大众在身心、文化以及社会活动方面作出的居住选择。

这一理论的目的即站在居住行为的层面，掌握住宅在生活空间上发生的变化。于各个时期、阶段，各个群体都会在居住行为上存在着不同，由此居住空间也存在着区别，进而促进了居住空间行为更加理性、科学。

2.2.4　马斯洛需求层次理论

美国心理学家、人本主义心理学的奠基人亚伯拉罕·马斯洛于1943年在其《人类心理动机理论》中首先提出了马斯洛的"需求层级"学说。这一理论指出，人有满足特定需求的动机，需求的层次是生理需求、安全需求、社交需求、尊重需求和自我满足需求。在这些物质需求中，物质需求是人类赖以生存和发展的基本需求，如食物、水分等；安全需求是需要稳定的、安全的环境，如劳动安全、人身安全等，以消除人们的恐慌和忧虑；社会需求是与他人的情感关系，例如邻里关系、友情等；尊重需求即对自己的尊重和对被别人尊重的渴望；自我满足需求能够充分利用自己的潜能来达到自己所需要的最高水平。

马斯洛需求层次理论强调人是一个有机的整体，不但深刻影响了现代行为科学的观念，对于住宅建筑防疫应急设计，也具有很强的借鉴意义。具体而言，首先是生理需求，包括居民的衣食住行，是生存的最基本保障，是住宅需提供的最重要的功能；其次是安全需求，由于突发公共卫生事件的侵扰，安全需求尤为显著，居民一般都期盼拥有完善的医疗服务和保护措施，这需要提升住宅环境质量与功能，以确保居民的心理与行为安全；再次是社交需求，疫情的突发使居民隔离在家，阻断了与外界的沟通，因此，需从建筑及周边环境等方面入手进行提升，以满足居民的社交需求；最后，作为高层次需求的尊重和自我实现需求，需从提高居民防疫应急意识、营造住宅归属感和建立居民可参与的管理体系等方面入手，以期达到物质层面与社会层面的高级融合（图2-5）。

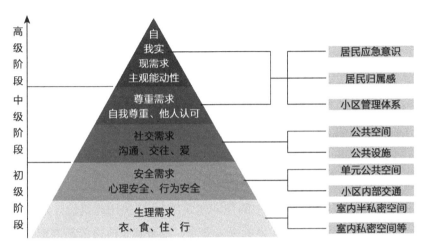

图2-5 马斯洛需求层次理论

综上所述，马斯洛需求层次理论同样适用于住宅建筑防疫应急设计，详细分析居民各层次需求，有助于后期针对性地研究和提炼满足居民于住宅建筑设计及使用的需求。

2.3 现行住宅建筑防疫相关规范

2.3.1 绿色建筑评价标准GB/T 50378—2019

绿色建筑是指在全寿命期内，节约资源、保护环境、减少污染，为人们提供健康、适用、高效的使用空间，最大限度地实现人与自然和谐共生的高质量建筑。我国绿色建筑发展已有十多年历史，并已逐渐形成规模。2006年，我国住房和城乡建设部发布了《绿色建筑评价标准》（2006年版），并于2014、2019年进行修订，现正式将《绿色建筑评价标准》（2019年版）作为评价绿色建筑的国家统一标准。标准以"四节一环保"为基本约束，以"以人为本"为核心要求，对建筑的安全耐久、健康舒适、生活便利、资源节约、环境宜居等方面的性能进行综合评价。标准的许多条款均有助于公众疫情的防控，为疫情防控工作奠定了本质基础，有效地贯彻执行绿色建筑标准相关的设计要求，对防控和抗击疫情具有非常重要的现实意义。

从建筑空间和布局来看，应着重进行优化，创造建筑良好的通风条件和舒适的户内环境，避免户内各空间空气及污染物扩散及厨房、卫生间的排气倒灌现象；在重大突发公共卫生事件发生期间，尤其要注重个人医护用品的垃圾分类，避免交叉及二次感染；智能化服务系统可有效降低见面接触的概率，"刷脸"门禁系统可保证人员的合理进出，减少居民的直接接触；定期对水池、水箱等储水设备进行清洁、消毒，以保障饮用水安全。

《绿色建筑评价标准》GB/T 50378—2019在自然采光、通风等方面的强制性条款，为重大突发公共卫生事件的防控创造了有利条件，在疫情防控中，严格执行相关标准可有效降低传染性细菌或病毒的感染概率。

2.3.2 民用建筑设计统一标准GB 50352—2019

民用建筑按使用功能可分为居住建筑和公共建筑两大类。其中，居住建筑可分为住宅建筑和宿舍建筑，本书仅讨论其中的住宅建筑部分。《民用建筑设计统一标准》的重新修订增加了居住建筑卧室和起居室的采光要求、既有建筑改造等新内容，对住宅建筑防疫具有重要意义。具体表现在建筑设计应根据灾害种类，在采取相应措施的基础上考虑平灾结合，最大化利用资源；建筑布局应考虑日照、天然采光、自然通风、小气候营造等多方面内容，保障居民居住生活质量；设有空气调节系统的住宅建筑需定期清扫、检修等。

《民用建筑设计统一标准》GB 50352—2019主要从基本规定、规划控制、场地设计、建筑设计、户内环境和建筑设备六个方面对建筑提出规范要求，可最大限度地保护居民利益，保障突发公共卫生事件下居民的安全。

2.3.3 其他相关标准

2020年，北京发布新版《住宅设计规范》DB 11/1740—2020，其中明确规定新建住宅需设置户式新风系统或预留新风安装位置，且室外新风需先进入卧室、起居室等居民长时间停留的区域，该标准在2021年1月1日已经开始实施。

2020年12月，山东省发布《山东省健康住宅开发建设技术导则》JD 14—055—2020，自2021年1月1日实施。该《导则》突出住宅卫生防疫需求：首先提出单元入口、地下车库单元入口应具有预留封闭改造的条件；同时强化电梯、楼梯的防疫措施，预留紫外线消杀设备接口；保证公共垂直通风道的通风安全，并在屋顶或其他合适部位预留消杀设备的安装空间；为防止公共水箱二次污染，需定期清洗、消毒和进行水质检测；实施生活垃圾分类收集，尽量降低垃圾收集点位置对住户的影响，且住宅楼内不得设置重力弃置垃圾道、垃圾集中回收区域。

2020年12月30日，江苏省住房和城乡建设厅组织修订的地方标准《住宅设计标准》DB32/3920—2020正式发布，该次修订主要是针对住宅建筑在新冠疫情中暴露的短板问题，标准于2021年7月1日实施。

在安全健康方面，明确住宅需设置新风系统或新风装置，提升户内空气质量品质；生活饮用水水池需设置消毒装置，确保居民饮用水安全。在智能智慧方面，要求规定住宅单元门厅或临近广场需配备智能信报箱，减少居民与外来人员的直接接触；提倡非接触式智慧同行，增设智慧家居系统，全方位、立体化提升当下的住宅数字化与信息化应用水平，同时为将来的住宅与智能智慧新技术留下融合的接口。在防疫应急方面，指出需充分利用物业管理用房或地下车库等空间，进行应急、防疫物资用房设计，以增强住宅建筑应对突发公共卫生事件的能力。

2.3.4 其他政策文件

见表2-3。

2003—2021年关于防疫及住宅的重要文件　　　　表2-3

文件	发布单位	时间
突发公共卫生事件应急条例	国务院（国发〔2003〕376号）	2003年5月
国际卫生条例	世界卫生组织	2014年5月
河北省爱国卫生条例	河北省卫生健康委员会	2018年3月
公共场所卫生管理条例	河北省卫生健康委员会	2018年4月
关于加强新型冠状病毒感染的肺炎疫情社区防控工作的通知	国务院联防联控机制	2020年1月
关于科学防治精准施策分区分级做好新冠肺炎疫情防控工作的指导意见	国务院联防联控机制	2020年2月
河北省住宅物业管理区域新型冠状病毒感染的肺炎疫情防控指南（试行）	河北省住房和建设厅	2020年2月
夏季空调运行管理与使用指引（修订版）	国家卫生健康委员会	2020年5月
关于开展城市居住社区建设补短板行动的意见	住房和城乡建设部等	2020年8月
"十四五"全民医疗保障规划	国务院（国发〔2021〕36号）	2021年9月

面对突发公共卫生事件，我国政府多以法规、政策文件的形式进行探讨，并在一定程度上促进了建设的发展。通过对相关设计规范、政策文件的梳理，可以看出，这些文件更多地体现了以人为本的思想，并且在不断地适应新的时代环境的过程中进行积极的

调整。在这次突发公共卫生事件中，有关的法规、政策文件主要集中在户内环境、电梯通风质量、垃圾分类、智能住宅建设等方面，但对于现有建筑物的防灾应急能力的优化与提高却很少。而规范和政策文件中关于住宅建筑的引导和提升是一个更新的过程，因此，为了提高居民建筑的防疫应急能力，需要多方合力。

第 3 章
国内住宅建筑概况

3.1 我国住宅建筑发展概述

3.2 我国住宅建筑发展阶段

3.3 邯郸市住宅建筑发展概况

3.4 邯郸市主城区住宅建筑防疫应急设计问题分析

3.5 本章小结

3.1 我国住宅建筑发展概述

就传统的中国建筑理念而言，皇家建筑居于最重要的位置，其尊崇礼制文化，并把典章制度当成中心。在我国的传统建筑中，把木构造当成核心，并由此构成我国的建筑系统，一直流传下来，已经有数千年的历史。而从封建社会慢慢退出历史舞台，进入现代社会之后，西方住宅进入中国，并流行开来。中国的传统建筑依旧遵循之前的建造方法，所以在现代社会中慢慢暴露出众多的缺陷。于中国，我国传统的住宅慢慢地退出历史舞台，一批饱含中国经济、文化以及风俗等特色的现代住宅涌现。我国有着悠久的历史，更是一个人口大国。19世纪之后，社会出现了翻天覆地的变化，经济、政治以及其他方面都有了巨大的改变，时代的变迁也在建筑上产生了作用。吕俊华在《中国现代城市住宅（1840—2000年）》中系统性地研究了现代住宅的发展历程，分为早期发展（1840—1948年）、社会主义计划经济时期发展（1949—1978年）和改革开放后发展（1979—2000年）三个阶段：早期发展是指国家处于半殖民地半封建社会时期的住宅，经历了从萌芽到重要发展再到凋零的过程；社会主义计划时期经历了经济恢复期、"大跃进"与自我调整期、注重自身发展期和"文化大革命"时期；改革开放后的发展经历了初期发展、商品经济体制的发展和社会主义市场经济初期的住宅发展等。

2000年以后住宅开始快速发展，出现了众多的商品房，人均住宅面积迅猛增长。大众有了更高的生活质量，随之在住宅上也提出了更高的要求，不单单是对基本生活的满足，更追求一种舒适感。从2000年起，城市土地更加紧张，同时借助技术的发展，高层住宅成为主流趋势。在2017年，就城市化率而言，中国仅仅为57%，但是欧美的发达国家已经超过了80%。由此能够得知，中国的城市创建依旧任重而道远，它仍然会建造更多的住宅，又因为土地资源的限制，在将来的一段时间中，高层住宅依旧会占据主流。

1. 从"安居工程"到"试点工程"

安居工程是1994年由国务院提出，1995年具体实施，以实现20世纪末的小康为目标，以促进城镇住房建设为主要目的的一项重要住房建设工程。结合城镇住房制度的改革，协调调动各方面的积极性，不断加快城镇住宅商品化进程、社会化进程，住房建设规模在原有基础上新增1.5亿m²，优先出售给无房、危房及住房困难的居民，原则上以住房需求为第一准则，在安居工程顺利实施的同时实施物业管理，明显改善了居民的生活条件，"十二五"后期，全国保障性住房覆盖面达到五分之一左右，以解决城镇低收入家庭的住房困难问题为主要目的，切实改善外来务工人员的居住条件。安居工程要求提高规划建设水平，集中建设的保障性住房充分考虑了居民出行、就业、就医、就学等需求，建设完整配套的服务设施，将环境保障纳入居住区规划设计当中。

社会主义市场经济体制不断地促进着房地产行业的发展，住房也被逐步地推向市场消费领域，同时期，居民的生活水平显著提高，生活质量也在不断上升，这也带来了贫富差距逐渐增大、社会阶层分化等问题，这种差距与分化必然会导致观念的不同步，人们对物质、精神需求的多样性以及生活模式的多样性。

2. 小区规划结构的发展

我国自改革开放以来，多层住宅的空间组织规划多以组团为基础，组团源于对居民邻里关系的研究，以职业、年龄、社会属性为标准的社区结构是组团的基本组成要素，组团内部可以满足居民大多数的生产生活需求，邻里之间的交往频繁，可以建立起更为坚实牢固的邻里关系，邻里关系和谐可以促进居民的心理健康，同时也能够方便对小区的管理。在现代住宅小区的规划中，组团规模已不局限于居住区域的规划，将人性化的理念进一步纳入规划布局，社区空间的形成也是规划师和建筑师所关心的重点，因为不受规模、组团结构的制约，社区的建筑布局和绿地配置都是非常自由的，大部分现代化社区都是根据小区的实际情况来设计的，绿地的配置更加自由，社区的规划也是越来越有特色，形成了丰富多样的邻里生活空间。

在近现代城市的更新改造过程中，居住区功能越来越丰富、越来越复杂，土地资源的紧缺问题也逐渐暴露出来，而居民对于居住质量的要求逐渐提高，产生了集约式居住小区。这种小区集居住、交通设施、公共服务设施、市政设施为一体，在有限的户内空间里居民可以完成多种功能的活动。这种小区的布局方式采用集约式密集型，采用立体交通组织布局，智能化布局，解决了土地资源不足的问题，这种与传统小区空间结构完全不同的居住区规划为居民提供了良好的居住环境。同时，一些新的建设实践实现了人车分流并发展了立体式、多层次、集约化的绿色生态系统，引进智能化设备为居住区提供更适宜的环境。

3. 居住区环境营建

我国的居住区建设经过了几十年的快速发展，逐步从单一的模式走向多元化，从保障性建设走向舒适性建设，面向居民新生活的居住区建设在满足居民生理需求的同时对居民的心理需求及精神需求给予了更大程度的关注。因此，居住区建设开始注重人与人之间、人与自然之间的可持续和谐发展，基于美好的物质环境进一步营造文化氛围，人们选择小区的时候也更加关注居住区的整体环境、邻里的社会阶层等精神层面的因素。

如何在居住区规划中解决建设与破坏的矛盾成为建筑师、规划师的关注焦点，针对这个问题提出了人与自然和谐共生的理念，即"可持续发展"的建设原则，在居住区建设中贯彻可持续的理念，充分合理地利用自然资源、土地资源、人文资源成为专家探讨的另一个重点。如何在居住区建设发展的同时建立人与自然和谐共生的关系也引起了设计师们的注意。针对以上问题，有些小区在规划设计中作出了相应回答：对采暖、炊事加以控制并集中管理，对污水、雨水进行集中处理，沿城市干道设置一定宽度的绿化带，科学配置绿化，既能满足对城市交通噪声、交通污染的隔绝，同时又能增加对环境的保护，采用新型的先进技术手段，在满足居民使用需求的同时节约能源并保护环境，为居民提供安静舒适的居住区环境。

3.2 我国住宅建筑发展阶段

3.2.1 缓慢发展阶段（1949—1965年）

新中国成立后的经济条件限制使得居住建筑不能满足居民的使用需求，1949—1952年正处于新体制的建立初期，多数生产生活活动依然延续着旧体制控制下的习惯，由于经济条件及技术水平的诸多限制，城市的普通住宅建筑多以低层为主，基本存在房屋低矮破旧、配套的公共设施匮乏、居住的卫生条件极差等现实问题，有些地方不可避免地成为极具卫生隐患、生活环境恶劣的"贫民窟"，大城市内的人均居住面积较小，城市中居民的住房问题越来越引起重视。然而，在政权初创期，我国可以投入城市建设中的各方面资源都极度紧张，同时期留学归来的第一代中国建筑师将国外城市设计思潮引进我国居住区的设计建设中，如霍华德的"田园城市"理念、佩里的"邻里单元"理念等，全国各城市开始大量建设"工人新村"，并在一些大城市中深入地探索了其居住形式。

受苏联发展的影响，1953年我国第一个五年计划的制定与实施促进了我国大规模、有计划的社会主义化的城市建设，居住区规划方面主要引进了"具有一条强烈的主轴线、中心布置公共建筑、住宅在其周围并沿街道走向进行布置"的苏联模式，这种模式具有强烈的形式主义及秩序感，被称为"周边邻里式街坊"。因此，"小区""街坊"等新的概念被广泛应用到我国的居住区建设当中并付诸实践，每个居住区由若干个占地 $1 \sim 2hm^2$、沿道路边线布置住宅并形成内部庭院的街坊构成，在布局上强调轴线和对称，在街坊内部设置托儿所、幼儿园，临街设置商业等公共服务设施；在居住区内部设有小学，以经常性生活服务设施的服务半径来确定居住区的大小并规定城市道路不穿过住区，居民的日常生活可以在住区内部实现，能够为居民提供相对舒适、安全、方便的居住环境。

在"一五"后期建筑界开始寻求自己的发展方向，1958年夏季，毛泽东视察时提出建立"人民公社"的概念，在很短时间内（到1960年7月），在我国各城市便形成了超过1000个人民公社，其建立的基础多为原有的大型国有企业、工厂、社区等社会组织，许多新的居住区之间相比之前的居住区具有一些新的特征：一些小工厂、政治活动的会议室以及训练场等新的功能场所在居住区中建立，丰富了居住区的功能组成；人民生活集中管理，住房内不建厨房，严格遵循城市区划建立；国家政策对城市规划起着主导作用，工业区和居住区不断靠近，每个社区配有农场供人民自给自足。

城市经济的不断发展影响着工业区的不断扩建，逐渐在大城市周边形成环绕城镇作为卫星城，出现了"一条街"等规划方法，卫星城镇采用"先成街，后成坊，由线到面，纵深发展……以较快的速度来形成新的城市面貌"的方法来使卫星城快速形成规模并充分利用周边生活服务设施，这种方法以利用沿街住宅底层形成商店和服务型的生活设施为主要特点，同时也对城市风貌产生一定影响，使城镇产生吸引力，对城市布局的发展和工业的发展发挥了积极作用，同时为20世纪80年代后居住区的快速发展创造了良好的条件。

3.2.2　发展停滞阶段（1966—1978年）

我国从1966年起，历经了十年的"文化大革命"，建筑实践、城市规划建设都陷于停顿；工业建设重心持续向内陆转移，内陆城市纷纷兴建新的工业区和居住区，而沿海地区则把旧城改建、居住区扩建和搬迁等作为城市建设的一项内容，居住区建筑密度逐渐增加，高密度居住区已成为住宅规划的一种发展趋势。人口规模的增大使得户均住宅面积偏低，同时独门独户小面积住宅观念的普适性的影响，使得住宅单元类型趋向于以长外廊为主、一梯四个两室户的规划设计，高层住宅也在一些大城市受到欢迎。

3.2.3　快速发展阶段（1979—1990年）

20世纪70年代末，我国逐渐从"文化大革命"的影响中走出来，居民对住宅的使用提出了更高的要求，逐渐重视住宅的私密性与安全性，提出了"住得下、分得开、住得稳"的新规划建设要求，在经济没有完全恢复发展的情况下，既要满足不能增加分室数目的现实条件，又要满足使用方便、私密性良好、安全的心理需求，小方厅这种形式就应运而生了。

3.2.4　现代化阶段（1991年至今）

20世纪90年代初，随着人们对交流空间的要求越来越高，人们的居住行为方式也在发生着变化，住宅的平面布局和设计理念也在一定程度上发生了变化，越来越强调以人为本，把人们的需要和行为放在首位，以满足各种活动的需要，使设计趋向合理。

随着居住观念的转变，人们对居住区的规划和设计方法的研究也在不断深化，探索的方式也逐渐丰富起来，从"以人为本"的设计思想出发，注重经济、社会和环境的和谐统一，这主要体现在两个方面：第一，随着社会的发展，居住区的规划和设计方法也日趋成熟，逐渐形成了居住区、居民区、街巷的格局，因为土地等因素的复杂性，大部分居住区都采取了居住区—住宅群的形式；第二，突出以人为本的理念，以方便居民的生产、生活为中心，尽量配置较为完善的公共设施，道路的设计尽量体现居民的便捷性和安全性，在满足居民基本生存需求的同时配置一定面积、一定数量的绿化、休闲、游戏场地等。"居住小区"的概念经过了不断的完善和广泛的运用，在理论和实践上都取得了一些突破，许多设计都把传统的设计方法和地域性的特点融合到了居住区的规划之中。

随着国家经济社会的发展，我们的经济形态也在不断地演化，城市住宅区由"传统"到"现代"，从改革开放到现在，设计师们的思想得到了极大的释放，中外文化的交流也越来越多，许多知名的建筑公司和建筑师给我国带来了很多新的建筑形式，建筑创作及居住区规划设计更加趋向多元化，在各种思潮的碰撞下产生了巨大的影响。

3.3 邯郸市住宅建筑发展概况

本节分别从自然人文环境、住宅发展脉络两个方面对邯郸市的总体情况进行概述。以邯郸市主城区环线以内区域为研究范围，依据该范围内住宅的户内布局特征、住宅空间结构特征及居民基本信息等要素制定具有针对性的调研问卷。最后，基于实地调研和问卷调研对研究区域内住宅建筑的影响因素进行总结归纳，以期为提升突发公共卫生事件下的住宅建筑的防疫应急设计研究提供相应的依据。

3.3.1　主城区住宅概况与分布特征

3.3.1.1　自然人文环境

邯郸，河北省省辖地级市，国务院批复确定的中国河北省南部地区中心城市，总面积12066km²。《汉书》中说："邯郸南据大河（古黄河），北有燕、代，楚虽胜秦，必不敢制赵，若不胜秦，必重赵，赵承秦、楚之弊，可以得志于天下"。邯郸市，在河北省南部，处于晋冀鲁豫四省的交界地带，是中原经济的腹地。它的西面是太行山脉，东面是华北平原，北面是邢台，南邻安阳，是河北省南大门，邯郸的地理优势可见一斑。

从人文方面来说，邯郸作为国家历史文化名城，有3100年的建城史，8000年前孕育了新石器早期的磁山文化；战国邯郸为赵国都城，魏县为魏国都城；汉代与洛阳、临淄、南阳、成都共享"五大都会"盛名；汉末曹魏在临漳建都，先后为曹魏、冉魏、前燕、东魏、北齐都城；清代，大名府为直隶省第一省会。据第七次全国人口普查公报显示，截至2020年11月1日零时，邯郸市常住人口同2010年第六次全国人口普查相比，增长2.61%。

良好的地理位置与人文条件决定了邯郸市人口呈增长趋势，为保障居民在突发公共卫生事件下的正常生活，基于此背景下的住宅防疫应急能力的研究迫在眉睫。

3.3.1.2 多层住宅分布特征

邯郸作为典型的北方工业城市，素有"钢都""煤都""冀南棉海"之称，现代邯郸应工业而生。自然、人文及历史文化等多重优势使邯郸多层住宅建筑的发展呈现多样性特征，因此选择邯郸市作为研究对象，具有理论上的典型性与应用推广上的普适性。依托于工业建筑的发展，与集中发展的土地利用模式相适应，邯郸市主城区形成以多层住宅建筑为主的布局模式，多层住宅建筑分布形态如图3-1所示。

邯郸主城区现有多层住宅小区共计1277处，纵观邯郸市多层住宅发展历史，可大致分为三个阶段：起步、发展和转型阶段（解决住房严重不足时期、初步注重住房质量时期、住房质量数量稳定建设时期）。

图3-1 邯郸市主城区多层住宅建筑的位置分布

3.3.1.3 高层住宅分布特征

通过网络及实地调研，截至2021年10月，笔者整理出的邯郸市主城区高层住宅分布特征如下：①丛台区，城市住宅十分密集，形成了多个住宅集中区，主要分布在人民东路与中华大街两侧，三区交汇处高层住宅的分布较为密集；共83个含高层住宅的小区，其中14个高层与多层混合的住宅小区，69个高层住宅小区，一共696栋高层住宅。②邯山区，城市住宅分布较为均衡，共52个含高层住宅的小区，其中4个高层与多层混合的住宅小区，48个高层住宅小区，共421栋高层住宅。③复兴区，城市住宅数量相对较少，集中分布在邯郸钢铁制造厂的北部，共30个含高层住宅的小区，其中7个高层与多层混合的住宅小区，还有23个高层住宅小区，共有298栋高层住宅。邯郸市主城区高层住宅主要分布在丛台区与邯山区，复兴区的高层住宅相对数量较少，主要分布在邯钢的北侧地区，老旧小区及多层住宅相对集中（图3-2、图3-3）。

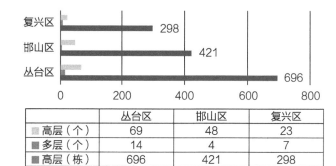

	丛台区	邯山区	复兴区
高层（个）	69	48	23
多层（个）	14	4	7
高层（栋）	696	421	298

图3-2　邯郸市主城区高层住宅各区数量柱状图

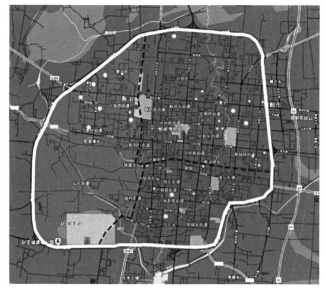

● 高层住宅小区
　多层、高层混合住宅小区

图3-3　邯郸市主城区高层住宅小区分布图

3.3.2　邯郸市主城区住宅发展历程

邯郸市主城区多层住宅楼的历史可以追溯到20世纪70年代。1950年，邯郸市以其东部平原地区的农业，尤其是棉纺织产业为基础，成立了近代棉纺织企业，为邯郸市的发展和振兴奠定了基础。新中国成立后，邯郸市迎来了建设的第一个高峰，先后建成了纺织、煤炭、钢铁、电力、机械、化工、轻工、建材等工业。邯郸市经济的快速发展和人口的快速增长，使得邯郸市在20世纪70年代出现了多层住房的发展。由于邯郸市于1978年开始进行详细的规划，其中就包含了住宅区，加上1950年到1978年兴建的许多多层房屋现在大多已经被拆除或废弃，故本书选取1978年以后兴建的、目前居民居住的住宅为研究对象。

3.3.2.1　多层住宅起步阶段（1978—1987年）

起步阶段时间约为1978—1987年。邯郸市作为新兴的工业城市，大量吸纳劳动力，为解决职工居住问题，邯郸市开始发展多层住宅。多层住宅建筑多以企业家属院的形式建设，代表有展新1号院、光明中路住宅楼、供电局家属院、罗城头一号院等（图3-4）。该时期的住宅以砖混结构为主，兼有钢筋混凝土结构。建筑造型简洁，外墙以干粘石为主进行粉刷。内部抹灰兼有少量室内装修。

（a）供电局家属院

（b）罗城头一号院

图3-4　起步阶段多层住宅现状

1．户内空间概述

住宅户内空间的布置是居民需求的反映，需求主要包括会客、家人团聚、娱乐、休息、就餐、炊事、学习、睡眠、盥洗、便溺、晾晒、储藏等，反映在户内空间上为起居室、餐厅、厨房、书房、卧室、卫生间、阳台等。各空间使用功能的私密程度并不相同，可根据私密程度层次的不同进行空间组织排布，使其共同发挥作用。一般来说，私密区域包括卧室、书房、卫生间，且本书只研究两居室到三居室的基础户型；半私密区域多为户内家务活动区域，如厨房；半公共区域则包括承担居民会客、宴请、交谈等功能的起居空间；公共区域则为户内玄关（图3-5）。

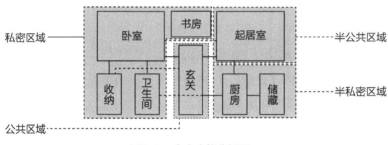

图3-5　户内功能分析图

依据调研，在起步阶段建设的住宅内部空间主要有卧室、厨房、卫生间，少数住宅内部还有玄关、餐厅、储藏室等空间，且主卧室多兼有起居功能。其主要特征为：户内空间单一、面积过小，主要依靠居室空间混合使用满足基本居住需求。以下将分析户内空间因素对该阶段多层住宅建筑防疫应急问题的影响。

1）公共区域

玄关是住宅的入口与大厅的过渡空间，起到了进入的缓冲作用和内部的中枢作用，同时也起到了防疫和保护隐私的作用。当出现公共健康问题时，人们往往会做更多的准备工作，而玄关的作用就是防止住户将室外的灰尘、细菌、病毒等带入房间或其他地方。基于突发公共卫生事件的大环境，针对住宅建筑来说，在构筑内部的防疫措施时，玄关是最重要的。在初期建造的多层房屋，其内部空间明显缺乏对前厅和玄关空间的设计。以供电公司家属院为例，这一单元的过道和卫生间入口可以用作玄关，但是由于空间过于拥挤，没有进行有效的防疫设计，无法合理地规划鞋柜等收纳性家具，只有玄关的形式，没有玄关的实用意义，不能满足公共卫生事件下居民对玄关的使用需求。罗城头首屈一指的一套房从大门直入客厅，既缺少了住宅内外的过渡和缓冲，又极易导致二次感染。这些条件都不能满足居民对公共健康状况的需要。

2）半公共区域

起居室顾名思义为供居住者会客、娱乐、团聚等活动的空间。小户型住宅内的起居空间，多与寝室空间结合，卧室内除布置床具之外，在剩余空间内摆放沙发、茶几、电视柜等其他家具，兼具起居功能，形成居寝合一的模式。在该模式下，空间杂乱拥挤，使用舒适性受到了极大的限制，通行宽度不能满足居民正常使用的最低要求。以供电局家属院为例，起居室设置在卧室之内，户内布置杂乱且空间拥挤，卧室、起居、餐厅三类空间混杂在一个空间之中，既缺乏独立隐私空间，又易造成公共卫生事件下的二次传染。

将起居空间从卧室分离出来，空间功能变得独立但是空间大小依然相对局促，且由于户内面积狭小，起居室常常兼具餐厅功能，仅能满足看电视、吃饭等简单需要。以罗城头一号院户型为例，客厅面积狭小，同时兼作餐厅，在隐私性方面优秀于居寝合一的模式，但户内流线及功能仍处于交叉混杂的阶段，在防疫应急设计方面仍存在一定的问题。

3）半私密区域

厨房，是指准备食物并进行烹饪的房间，多为住宅所有者使用的空间，属于户内半私密区域。建设于该阶段的多层住宅户内厨房面积普遍很小，多种功能限定在局促的空间内。厨房内大多包括煤气灶、洗涤槽、操作台、橱柜等必要设施。面积的局促、功能的复杂严重挤压了储物空间，厨余垃圾和食材毗邻放置，成为细菌及病毒易滋生的源头和重点，不能满足特殊时期居民储存的需求；部分厨房平面布置存在欠缺之处，造成厨房操作流线不通畅等问题，不利于日常生活食品的拿取。

4）私密区域

疫情的发生延长了居民的居家时间，长时间的居家隔离使居民对卧室的功能提出了更高的要求，居住空间中既有居住与生活的整体布置，又有家具摆放，会影响到住户在室内的进出与使用。所以，卧室的问题可以归纳为：不利于防疫应急，功能交叉不利于空间品质的提高。

卫生间也是户内的私人空间，在预防和紧急情况下更为重要。比如2003年淘大花园的SARS疫情，传播途径就隐藏在卫生间。前期建造的住房卫生间大多仅能满足人们的生理卫生和居家的清洁、储藏等需要，没有进行科学、人性化的设计。由于面积有限，又设有浴室、盥洗室等多个功能单元，空间狭小，只能满足日常生活中的基本需求，而且各功能区之间没有干湿区，对洗手间的排污和消毒不利，容易导致厕所成为户内卫生防护的薄弱环节。

5）自然因素

住宅户内空间的自然因素主要包括两方面：采光和通风。通风可保持户内空气新鲜流通，新鲜空气里有充足的氧气，能促进人体新陈代谢，对户内防疫是有利的。故住宅户内空间需保证通风，严格限制空气中的污染物浓度，保证户内空气清新流畅、清洁卫生，以确保居民健康。建设于起步阶段的多层住宅建筑，开窗面积较小且窗户使用率不高，户内通风质量相对较差。

户内合适的自然采光不仅是户内明亮，而且有利于居民身心健康，对户内杀菌也起到积极的作用。早期多层住宅往往存在"黑房间"，户内通风和日照无法满足特殊时期的需求，成为防疫应急设计的"死角"（表3-1）。

户内空间各区域问题汇总　　　　　　　　　　　　表3-1

区域类型	现状实例	
公共区域	玄关空间拥挤	无玄关空间
半公共区域	起居与卧室空间混杂	起居与餐厅空间混杂
私密区域	私密区域	
自然因素	黑房间	

2．单元公共空间概述

多层住宅建筑的单元公共空间主要承担连接户内外空间的交通功能，反映在空间上为单元入口空间、楼梯间和入户消毒区。单元公共空间和楼梯间为居民进出的必经空间，是公共区域；入户消毒区多为居民单独使用，过渡户内外空间，为半公共区域。

1）公共区域

单元入口作为居民出入建筑内部必经的场所，不仅起到过渡户内外空间的作用，还兼具组织交通、安全防范等功能。普通的入口空间是必要性活动的载体，并提供了如便民服务、信报服务、快递收取等配套功能。多层住宅单元入口空间多和楼梯出口一同设置，且在一侧布置简单的配套功能，未进行防疫设计（图3-6）。

楼梯是住宅必要的垂直交通空间，是居民流线交叉的重要空间。因此，楼梯不应只满足交通需求，还应满足防疫要求。以供电局家属院为例，居民多在楼梯间出入口停放自行车或电动车，存在安全隐患；楼梯间转向平台成为杂物堆放处，易成为细菌、病毒的滋生地，且不利于楼梯的消杀，严重影响居民的防疫安全（图3-7）。

2）半公共区域

入口消毒区作为"家里"和"家外"之间的一个过渡空间，可以在这个区域内进行防疫设计，在进入之前形成"消毒区"。通过调查发现，前期建造的多层房屋缺乏对居民居住空间的关注，缺乏设计。小区无菌区的问题主要有两个：一是小区没有进行规划，仅用作户内和室外的交通，没有进行防疫和消毒；另一方面，这一地区也成为居民的储藏场所，堆积了大量的垃圾，成为防疫的薄弱环节。

3）自然因素

单元公共空间的自然因素主要包括楼梯间的通风。楼梯间是人员往来频繁的空间，空气不流畅往往会使该区域易于成为病毒的传播空间。携带病毒的病源者在该区域咳嗽、打喷嚏、使用楼梯扶手等行为，为病毒接触传播提供了可能。因此，楼梯间需要良好的通风环境，以降低病毒浓度，减少传播风险。起步阶段建设的住宅楼梯，往往只满

图3-6 单元入口空间

图3-7 楼梯环境杂乱

足垂直交通的功能，对于通风的关注较少。同时，由于早期建筑设计不深入，部分居民的油烟机排风口设置于该空间，加剧了楼梯空间空气环境的恶化。

3. 室外空间概述

多层住宅建筑室外空间是构成居民生活空间不可缺少的一部分，在应对突发公共卫生事件时，其作用更为重要。室外空间多从四个方面进行探讨，分别为内部流线、公共空间、公共设施和绿化环境营造。

1）内部流线

住区内的交通流线是预防疾病的关键。而在前期的规划中，其内部的交通流线则相对简单，重点放在了住户的回家路径上。然而，随着时间的推移，流线的作用也越来越丰富，可以划分为人行流线、车行流线、物流流线、垃圾流线等。根据调查结果，在此期间所建的住宅区，人行流线、车行流线多不分离，形成了人车混杂的交通格局；由于大部分的物流流线和垃圾流线都是未经规划的，它们与人行流线相交，容易导致疾病的蔓延或二次污染（图3-8）。

2）公共空间

公共空间多为狭长形地块。该时期小区在早期建设时缺乏规划设计，公共空间都依托于单体建筑之间的通行道路而出现，故面积规模都较小。公共空间缺乏整体规划和节奏感，自然无法形成优质的休闲场所。加之居民对公共空间的私有化与侵占，更加挤压

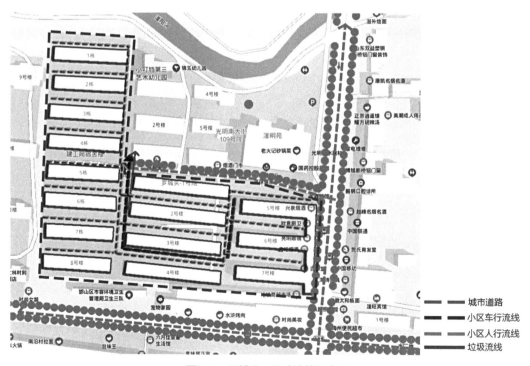

图3-8   罗城头一号院流线示意图

了公共空间的规模，加剧了空间环境质量的恶化，无法满足居民的正常需求。

3）公共设施

公共设施主要研究休闲娱乐设施和卫生防疫设施。在该时期的小区中，总体来讲，公共设施呈现与居民需求不匹配、基础薄弱、实用性不高、设计及布局不合理和无法满足在突发公共卫生事件下使用的问题。休闲娱乐设施不足主要表现在缺少儿童娱乐设施，无法满足居民需求；管理不完善、设施老化、破损严重，使之具有一定的危险性；公共设施布局未进行防疫设计，在公共卫生事件发生时，设施无法使用。卫生防疫设施以垃圾站和垃圾箱为主，但大多缺乏废弃口罩专用垃圾桶，设置专用垃圾桶的也会存在管理监督不足、垃圾桶混用的情况。整体来说，卫生防疫设施与小区适配度不高，无法营造安全的卫生防疫环境。

4）绿化环境营造

住区内的绿化环境以道路、楼宇为主体，缺乏组团式的绿地，总体绿化水平较低。道路绿化以道路两侧或一侧为主体，形成小区绿地的骨架。但是，大部分居民区的道路绿化不连贯，植被单一，缺乏节奏感和观赏价值。道路树木与房屋的间距对建筑物的采光和通风有一定的影响。因缺乏后期的管理与养护，导致植物枯萎死亡，裸露的土地成了堆积场所，严重影响了公共空间的防疫安全。住宅小区之间的绿地是指在住宅建筑之间的空闲空间，起到桥梁作用，从而直接影响到居民的生活。建筑内的绿化对象是居住在这一层的住户，因此，既要保证视野开阔，又要兼顾隐私和公共卫生问题。但是，这段时间内，小区内的绿化树种单一，层次感差，观赏性差，存在住户占用、功能受损等问题。

3.3.2.2 多层住宅发展阶段（1987—1998年）

发展阶段时间约为1987—1998年。1987年，根据全国城市工作会议有关积极创造条件、有步骤地推行民用建筑统一规划、投资、设计、施工、分配、管理精神，集资统筹建设多层住宅建筑，多层住宅建筑功能逐渐改善并得以迅速发展，代表有铁路大院、双丰小区、东方小区等。这个时期住宅建筑面貌较上一阶段有明显改善，建筑造型由简洁转向丰富，外墙以涂料进行粉刷，结构由砖混结构开始向框架结构转变，且住宅高度适宜、尺度亲切，楼间距增大，环境空间也随之有所进步，在满足居民基本需求的基础上舒适度略有提升（图3-9）。

1. 户内空间概述

依据调研，在发展阶段建设的多层住宅建筑内部空间主要有卧室、起居室、厨房、卫生间等，在门厅、储藏等方面仍然重视不足。其主要特征为：户内面积有所增加，空间逐渐丰富，在满足居民基本生活的基础上，舒适度略有提升。

以下将分析户内空间因素对该阶段多层住宅防疫应急问题的影响。

（a）东方小区   （b）铁路大院

图3-9 发展阶段多层住宅现状

1）公共区域

随着时代的发展，玄关空间却并未得到足够的重视，仍然出现设计不足的情况。玄关的问题有两个：没有在房间里安装玄关；没有充分地利用空间。一些门厅虽然有预留的空间，但由于空间狭窄，没有经过任何设计。就拿东方小区和铁路大院的户型来说，尽管在内部空间中设有玄关，但由于玄关的狭长和狭窄，仅能容纳一些简单的物品。面对突发的公共卫生事件，住户需要在门厅进行换衣、换鞋、置物、简单消毒，但由于门厅狭窄，与住户的需要有很大的冲突，而且很容易产生拥挤、局促的感觉，使其无法充分利用户内空间。

2）半公共区域

随着多层住宅建筑的发展，建筑内部空间的起居室也逐渐与卧室分离。空间在得到解放的同时面临着面积的限制，同时由于整体面积较小，相应的空间内摆放沙发、茶几等家具，起居室空间与餐厅空间合并。由于餐厅与起居室空间重合，导致户内流线混乱。

在客厅与餐厅功能分离的户型中，虽然有预留的餐厅空间，但是空间形状存在设计不合理，而无法满足餐厅使用的要求。往往存在空间比例过长，只能单侧布置桌椅，且餐厅还需兼具洗菜、备菜的环节，存在功能与流线的交叉。

3）半私密区域

厨房的改善较上个阶段并不明显，仍然存在空间狭小的问题。空间狭小导致厨房内只能布置水槽、灶台等设备，没有厨具放置的空间；同时导致了储存空间不足、不合理的问题；空间不足使厨房内空间被侵占，如储物空间侵占切菜区域等，使厨房杂乱，不利于厨房的消杀，易滋生细菌、病毒。其次，厨房设计布置时未考虑洗、切、烹饪的顺序，水槽、操作台、灶台的布局不符合人机工程学原理，存在设计布局不合理的问题。

4）私密区域

发展阶段的卧室空间问题由起步阶段的空间杂糅、居寝一体转变为卧室内收纳空间不足、空间闲置。卧室收纳空间不足，导致过季衣服、换季被褥占用过道空间，妨碍居民行走，卧室显得凌乱无序，影响居住者的使用体验和视觉感官；随着家庭结构的变化，部分居民的卧室出现单间卧室闲置的问题，卧室转变为户内杂物堆放的空间，并未进行合理再利用，导致空间浪费。

经调查，目前我国开发阶段的多层住宅中，户内厕所还存在着布局不合理、干湿不分离等问题。清洁区、洗浴区、如厕区三区的设计不够充分，洗浴空间与厕所、水池基本是混在一起的，容易出现户内积水问题，不能将干湿分离。

5）自然因素

户内的通风及采光较起步阶段总体略有提升。在通风方面，洗手间较起步阶段有所提升，"黑房间"的减少极大地改善了户内通风质量；开窗面积略有扩大，可活动窗户也有所增加，对户内通风的提升也起到促进作用；但是户内杂物的堆积影响窗户的使用，窗台也一度成为置物平台，影响户内通风。总体来说，户内通风质量略有改善，但仍然存在问题。

在采光方面，设计的进步使户内采光得到重视，户内黑房间减少，洗手间多设置窗户，改善卫生间及户内空间采光环境。但是，由于该时期的建筑多为一开间布局，且起居室空间布置在卧室空间北侧，因此，起居室空间采光多依靠卧室空间，质量较差（表3-2）。

户内空间各区域问题汇总　　　　　　　　　　　　　表3-2

区域类型	现状实例
公共区域	玄关空间功能不足 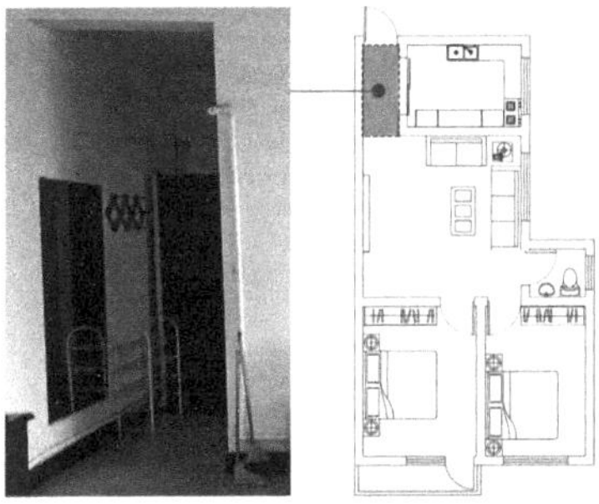
半公共区域	餐厅空间比例不当 

续表

区域类型	现状实例
自然因素	起居室空间采光差 

2．单元公共空间概述

1）公共区域

单元入口起到了空间转换和建筑出入口的作用，在以后的应用中，应通过设置信息箱等设备来增加单元入口的丰富性。

楼梯是日常生活中必须使用的通道，但是由于长期没有人来维护，楼道没有人清扫，整体的卫生状况很差，严重地影响了防疫工作；空间被住户的垃圾占据，空间被挤压，既不能满足防疫需要，也不能保证安全。

2）半公共区域

据调研，该时期的入户消毒空间承担交通功能多于防疫功能，该区域主要承担居民由室外进入户内的过渡空间功能，或在此基础上增加简单的置物功能，无法满足居民由室外空间进入户内空间的简单消毒需求。

3）自然因素

在通风方面，楼梯间开窗面积有了明显的提高，且窗户形式由镂空式改变为推拉窗，很好地改善了楼梯间的通风质量（图3-10）。但对于楼梯扶手等设施依旧没有进行很好的防疫设计，容易造成病毒的二次感染。居民户内油烟机排风口设置的问题虽然得到一定的改善，但依旧存在此类问题，对楼梯间的公共环境造成不良影响。

3．室外空间概述

1）内部流线

该时期建设的小区同样为人车不分流模式，但是道路有所拓宽，在关注居民归家路线的基础上，对机动车的行驶进行规划，在人车混行的模式下，限定机动车行驶方向，保护居民安全。但小区内部仍然存在流线冲突的问题：物流流线与垃圾运输流线未与行人分开，流线交叉仍是该方面最严重和突出的问题，对疫情防控存在负面影响（图3-11）。

图3-10　开窗形式变化

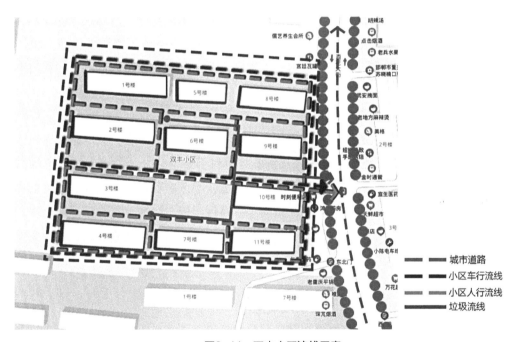

图3-11　双丰小区流线示意

2）公共空间

该时期建设的小区内多设有公共空间，而非采用住宅建筑之间空地作为主要公共空间，面积规模较起步阶段有所扩大，但是依旧存在空间与居民需求不对等而导致空间闲置的情况。公共空间缺乏层次划分，且无统一规划管理，仍然存在公共空间被居民侵占作为私人区域的现象。且公共空间的功能单一，只能承载简单的诸如停驻、休息、观赏等功能，与居民的需求并不对等、匹配（图3-12）。

（a）空间功能与居民需求不对等　　　　　　　　　　（b）空间拥挤

图3-12　公共空间现状

3）公共设施

随着时代的变迁、社会的发展，人们对公共设施的需求也在不断地变化和提高。在休闲娱乐设施上，设计利用不能涵盖全部住户，大部分社区主要是成人健身，缺乏儿童游乐设施和幼儿园；其次，公共服务设施的形态比较单一，功能覆盖面不够，使用效率低，吸引力低。在医疗卫生设施上，虽然设立了专门的口罩垃圾桶，但因缺乏管理和民众的防疫意识，无法发挥其应有的功能，既不利于防疫，也造成了资源的浪费。整体上，社区公共服务的数量在一定程度上得到了提高，但还存在着覆盖人群不足、利用率低、功能不强的问题。

4）绿化环境营造

在邯郸市多层住宅建筑起步阶段，建筑多为同一方向行列式布置，利用建筑宅间空地进行绿化环境的营造，但这种形式缺乏联系，不利于安全感、认同感和归属感的营造。在发展阶段的小区中，开始注重绿化环境的营造，小区内存在经过设计的绿化景观且具有一定的规模，但是整体而言，存在机动车、自行车侵占绿地；植物配置不合理，常绿树过多、种植形式单一；地面绿化不足，造成绿化景观呆板、色彩单调、季相变化不明显等问题。

3.3.2.3　多层住宅转型阶段（1999年之后）

20世纪末、21世纪初，国家取消福利住房分配政策，邯郸正式进入商品房时代，多层住宅建筑发展全面开花，住宅开始由"居者有其屋"转型成"居者优其屋"，住宅开始走向规范化，户型更新合理、布局形式多样，代表有亚太世纪花园小区、光华苑北区、和平东小区、建业小区等。小区进行现代化规划，户内空间丰富，建筑开窗面积增大，室外空间也进行了明显的设计和规划，居民生活舒适度有很明显的提升（图3-13）。

1. 户内空间概述

随着社会的进步和经济的发展，面对居民需求的不断变化，住宅建筑的设计也在随之改变。转型阶段的住宅建筑，较之起步与发展阶段，变化主要在"以人为本"的设计理念上，该时期建设的住宅建筑在满足居民基本要求的基础上，更加地注重居民精神感

（a）东方小区　　　　　　（b）建业小区　　　　　　（c）广厦小区

图3-13　转型阶段多层住宅现状

受层面的设计。在住宅内部空间上，餐厅与起居空间分离，户内空间较为齐全。主要特征为由"可居"到"宜居"转变，户内各空间相对独立。

1）公共区域

在公共卫生事件发生时，转型阶段的多层建筑多设有玄关空间，但玄关空间依然无法满足居民的防疫需求，具体包括两个方面：玄关空间布置简单，与发展阶段类似，只能承载简单的置物功能；玄关空间面积扩大，功能也有所增加，除却简单的置物功能之外，还具有储物等功能，可以满足居民换衣换鞋和简单的消毒需求，但是无法完成洗手、处理口罩等需求，可能造成户内空间的病毒二次传播。

2）半公共区域

该阶段的多层住宅在设计层面，更加注重居民对于私密区域的需求，起居室也彻底与卧室空间分离，承担娱乐、休闲、交流等功能需求。该时期建设的多层住宅建筑可就半公共区域方面分为两种情况，第一种是起居空间与餐厅空间分离，起居空间完全独立，该种情况起居室功能较为完备，可基本满足居民需求；另一种情况是起居空间与餐厅空间不分离，起居空间承载多种功能，存在流线交叉、居民体验感较差等问题，且不利于防疫。

3）半私密区域

突发公共卫生事件之下，厨房与居民健康息息相关。厨房是功能多且使用频繁的空间，它的合理性直接影响到居民的生活质量，成为体现一套住宅卫生、安全、舒适的一个重要因素。中国传统的烹饪方式使厨房空间非常容易受到污染侵蚀，随着人们生活水平的提高，对居住环境及条件的要求也越来越高，厨房已从原来的辅助空间上升为与起居室、卧室同样被居民所重视的空间。在该区域内，通风得到了足够的改善，面积也有所扩大。在流线上，由于在洗涤和烹饪之间来往最为频繁，故应缩短此距离。在垃圾处理上，垃圾分类明显不足，且容易污染整个厨房空间乃至其他户内空间，应该予以足够重视。

4）私密区域

转型阶段的多层住宅建筑在卧室方面的问题主要表现为卧室空间不足。卧室空间不足，导致无法有效布置隔离房间，在突发公共卫生事件下，居家隔离要求相对独立的居住空间，且不能与家人有过多的重叠和接触。但卧室空间的紧促影响隔离空间的排布，对居家防疫产生负面影响。

居家隔离除要求相对独立的卧室空间外，还应尽量设置独立的卫生间。但是，受居住空间和功能要求的制约，多层住宅往往设置一个厕所。为了保证居民的身体健康，必须始终保持卫生间的通风和消毒。其次，突发的公共卫生事件，使得人们对卫生间的干湿分离提出了更高的要求。

5）自然因素

转型阶段的多层住宅建筑，在自然通风和采光方面较起步和发展阶段都有很大的提升。在通风方面，户内空间南北方向均设有窗户，促进户内自然通风，在疫情期间，对于户内空气环境的提升具有很大的助益。在采光方面，窗户的增加，同时提升了户内采光的质量。在保障居民基本使用需求的前提下，应更加注重居民的使用舒适感。采光的提升使户内日照充足，给居民营造明媚、有活力、爽朗的居住环境，利于居民的健康和心理感受（表3-3）。

户内空间各区域问题汇总　　　　　　　　　　　　　　　　表3-3

区域类型	现状实例
公共区域	玄关空间承担置物功能
自然因素	户内空间采光、通风分析

2.　单元公共空间概述

1）公共区域

单元的入口门厅并不只是稍稍地增加了一些运输空间。住宅小区的入口空间功能随住户的需要而发生变化。小区入口处增设了信报箱、电表箱、小区公告栏等基础设施，为住户提供了便利，但也带来了一定的问题。首先，公共服务设施的设置方便了居民，但是如果没有进行有效的消毒，很容易造成病菌的传播，同时，增加了居民在小区门口逗留的时间，对突发公共卫生事件的发生产生不利影响；其次，设备的布局占据了入口空间的一部分，这让原本就狭窄的入口变得更拥挤；最后，由于入口空间是建筑内外的过渡地带，没有设置门禁和特殊的防护设施，不能很好地满足居民的防疫需求，需要重点考虑。

在转型阶段建设的多层住宅建筑，楼梯作为主要的交通空间得到重视。在空间侵占方面，楼梯空间杂物较少，空间压缩不严重；楼梯间开窗的扩大有效地改善了该空间的采光和通风质量，有利于防疫的进行。但是楼梯间缺少消毒设施，无法完全保障居民在楼梯间的安全，依然存在在突发公共卫生事件下传染的安全隐患。

2）半公共区域

随着对居民居住品质的关注，多层住宅建筑的入户区域面积有所提升。在面对突发公共卫生事件时，居民需要在此空间完成入户前的消毒行为，但是面积的扩大未带来功能的提升，此区域依旧只是承担交通功能与简单的置物功能，并未进行基于公共卫生事件下的防疫设计。

3）自然因素

楼梯间的通风问题，在突发公共卫生事件下成为居民关心的焦点，楼梯间的空气环境质量与居民健康息息相关。在楼梯间设置油烟机排风口的情况已得到很好的控制，现象已非常少见，加之开窗面积和方式的改变极大地改善了楼梯间的通风环境。在此基础上进行防疫消杀设计，可极大地保护居民的安全。

3.　室外空间概述

1）内部流线

在多层住宅小区的设计中，大部分小区并没有实现人车分流，而在过渡时期，大部分小区也有类似的问题。然而，在不同的历史阶段，不同的住宅区，规划停车位的数量和宽度都会有所不同。在过渡时期，小区规划停车位的数量明显增多，居民私人车辆占用他人空间的情况得到了缓解，道路宽度增大，交通堵塞得到了改善。在垃圾转运路线上，增设多个垃圾桶，便于居民进行垃圾的倾倒和处置，并将垃圾集中点移动到小区门口，缩短了垃圾的运输距离。通过设置垃圾入口和小区次入口，可以减少二次污染。总体上，虽然流线交叉的问题得到了缓解，但是还存在一些问题，影响了整体防控工作（图3-14）。

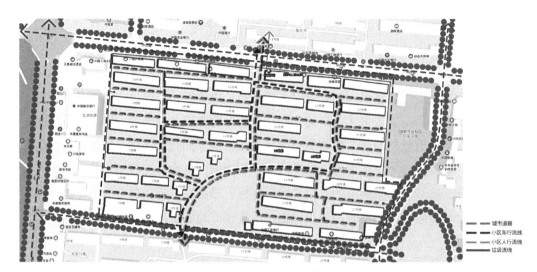

图3-14 广安小区流线示意

2）公共空间

在转型阶段的小区内，对公共空间的设计更加注重。在公共空间的功能布置上，基本可以满足居民休闲、娱乐、健身、社交活动的需求，利用率较高。公共空间的规划得到提升，同时居民侵占公共空间的情况略有缓解。在此基础上，存在的问题是存在低效边角空间，此类空间利用率低，活力不足，造成严重的空间浪费。

3）公共设施

在休闲娱乐设施方面，转型时期的小区内部在设计中加入此类设施，在保障居民需求的同时，存在的问题可概括为三方面。首先，娱乐休闲设施的置入，缺乏系统性，不能全面满足居民的使用要求；其次，相较于公共空间的宽敞，活动设施的布置略显不足；最后，公共空间出现随意停放私家车的现象，压缩公共空间的同时，影响设施的使用。在卫生防疫设施方面，设置垃圾集中点有效降低垃圾对疫情的影响，但是单独式垃圾桶的随意放置，分类垃圾桶管理不足，仍然是存在且突出的问题。

4）绿化环境营造

住宅区的绿化环境营造往往是为了营造而营造，绿化环境往往作为住宅建筑的附属而存在于小区中，随着人们生活水平的不断提高，人们对居住环境的要求也越来越高。在突发公共卫生事件中，建筑绿化环境的建设直接关系到人们的心理健康，是人们在生活中保持舒适度的重要因素。在此阶段的园林绿化环境建设中，以高大的国槐、法桐等乔木为主，缺乏地被植被，造成地表裸露。

3.3.2.4 高层住宅起步阶段（1999—2005年）

邯郸市的高层住宅起步较迟，发展较晚，邯郸市第一栋高层住宅建于1999年。针对邯郸市高层住宅的起步阶段，笔者共选取了4个典型案例进行分析。通过分析可以了解到这一时期的住宅发展特征以及规律（表3-4）。

高层住宅起步阶段案例　　　　　　　　　表3-4

编号	年份	案例	说明	户型
01	1999年	欣甸佳园	建筑面积：117m² 楼梯：1部 电梯：2部 类型：塔式 层数：19层 梯户比：一梯四户 区位：丛台区丛台路与滏东大街交叉口西北角	
02	2000年	邯钢农林小区	建筑面积：87m² 楼梯：1部 电梯：1部 类型：板式 层数：12层 梯户比：一梯两户 区位：邯山区农林路与胜利街交汇处胜利街32号院	
03	2004年	春光小区	建筑面积：123m² 楼梯：1部 电梯：2部 类型：塔式 层数：18层 梯户比：两梯四户 区位：丛台区丛台路东柳北大街280号	

续表

编号	年份	案例	说明	户型
04	2005年	明珠花园	建筑面积：128m² 楼梯：1部 电梯：1部 类型：板式 层数：9层 梯户比：一梯两户 区位：邯山区滏漳路139号	

1998年，国家取消了福利住房分配政策，正式进入商品房时代，以多层建筑为主的民用房开始普及。同年，邯郸市第一个集群式多层住宅小区——三广小区进入人们的视野，这是邯郸市迈入商品房小区的开端。

在21世纪之初，邯郸市慢慢出现了高层住宅，这个时期为了力求突出高层住宅高容积的显著优势，一般会选择一梯多户，因此塔式布局更加普遍。这一时期由于邯郸市刚刚兴建高层住宅，开发商主要建造的户型均为90～110m²，满足大多数居民的刚需生活。除此之外，对于高层住宅室外公共活动区域的相关设计也在进一步完善之中（图3-15）。

就高层住宅而言，交通核为空间的主要构成。其布局会对所有的户型设计产生一定的作用。该阶段力求获得更多的朝向，交通核通常被安排在平面北部的中间。这一时期的塔式高层住宅较多，从整个平面交通组织形式来看，一般为两梯四户的交通核设计（图3-16），从中可以看出，交通核布置在平面的中心靠北侧，四户共用一个内廊，这就导致了住户入户前的廊道过于闭塞，通风不佳且光线较为昏暗，这种情况不利于在疫情期间对病毒传播的防疫防控。

图3-15　邯郸市欣甸佳园小区高层住宅入户公共走道

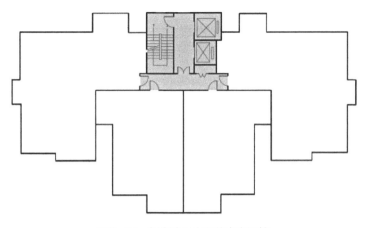

图3-16　起步阶段高层住宅交通核

3.3.2.5　高层住宅发展阶段（2006—2010年）

伴随着城市化进度的加快，新建住宅的高度在逐渐增加，邯郸市高层住宅也迎来了发展时期。邯郸市的居民对于居住形态的要求也在逐步提高，高层住宅慢慢成为购房主流。按照这个阶段的高层住宅发展情况，笔者挑选出了三个具有代表性的实际案例展开分析，并和之前阶段的特点进行比较，由此得到这个阶段高层住宅户型具备的特征及发展变化（表3-5）。

高层住宅发展阶段案例　　　　　　　　　　　　　　　　表3-5

编号	年份	案例	说明	户型
05	2010年	新新家园	建筑面积：146.41m² 楼梯：1部 电梯：2部 类型：板塔结合 层数：18层 梯户比：两梯四户 区位：邯山区和平路与滏东大街交叉口西行100m路南	

编号	年份	案例	说明	户型
06	2009年	龙旺名城	建筑面积：131m² 楼梯：1部 电梯：2部 类型：板塔结合 层数：26层 楼梯比：两梯四户 区位：邯山区贸易街与浴新南大街交叉口东南角	
07	2010年	星城国际	建筑面积：138.84m² 楼梯：1部 电梯：2部 类型：板式 层数：32层 梯户比：两梯三户 区位：丛台区滏河北大街和北仓路交叉口，邯郸市新东城区CBD中心地带	

由平面户型能够看出这一阶段的住宅平面形式逐渐多样化，不再拘泥于以往的方厅，有了客卫与主卫的区分，开始注重住宅的舒适感。在该阶段中，就高层住宅而言，更多地采用一梯三户或是四户的形式。同时，交通空间不断改变着形式，随之住宅户型有了更大的面积。就水平交通来说，因为建筑类型发生了变化，住宅平面在宽度上更大，其内部进深也同样增大，内廊被取代，仅仅会用在公寓式的商业住宅之中。在该阶段，就板式高层住宅而言，并没有足够关注到其水平交通，仅仅是达到了有关设计要求，并未涉及同一单元中户与户之间的沟通方面的思考，对于公摊面积相对恰当。为了获得更高的得房率，楼梯与电梯通常是对立或是对称的，且共用前室。

3.3.2.6　高层住宅涌现阶段（2011—2020年）

在邯郸市，就住宅建设而言，从2010到2011年是其转折时期。住宅发展已经彻底实现了市场化。房地产市场也更加完善，知名房企如隆基泰和、美的、恒大等都选择在这一阶段登陆邯郸，也带来了新的居住理念，对于住宅的建造不仅在数量上有所改变，也开始慢慢关注大众的生活所需，户型更加多样，标准也在不断提高，将舒适性以及功能性摆在了重要位置。这一时期邯郸市的高层住宅逐渐成为主流趋势。

　　笔者在这一时期的高层住宅中，选取了四个典型的实际案例，进行对比分析研究，由此得到了这一阶段邯郸市高层住宅的发展规律及特点（表3-6）。

高层住宅涌现阶段案例　　　　　　　　　　　　　　　　　表3-6

编号	年份	案例	说明	户型
08	2012年	赵都华府	建筑面积：187m² 楼梯：1部 电梯：2部 类型：板式 层数：31层 梯户比：两梯两户 区位：丛台区赵都华府（中华北大街西）	
09	2012年	阳光领地	建筑面积：140m² 楼梯：1部 电梯：2部 类型：板式 层数：27层 梯户比：两梯四户 区位：丛台区东柳东街89号	
10	2015年	嘉大如意	建筑面积：133.28m² 楼梯：1部 电梯：2部 类型：板式/塔式 层数：29层 梯户比：两梯三户 区位：丛台区新兴大街和北环交汇处东南角	

编号	年份	案例	说明	户型
11	2016年	恒大名都	建筑面积: 115.31m²/89m² 楼梯: 1部 电梯: 2部 类型: 板式 层数: 32层 梯户比: 两梯四户 区位: 丛台区滏东大街与北仓路交叉口东南角	

该阶段,在邯郸市,更多的是单元式以及短板式的高层住宅。就公共交通空间而言,依据户与户之间的水平交通连接,将其分成了两种形式,一种是廊式,另一种是核心式。而核心式同样被分成了两种,一种是偏心式,另一种是内核式。偏心式的平面形式很常见,将交通核设计在了采光较差的北侧。就单元式而言,其交通空间通常情况下会与两到三个户型空间连接在一起,形成居住单元。同时各个单元之间也会进行连接,成为一栋住宅。此种方式下,户型就更加舒适,且私密性更高,而且卫生条件也更优越,像恒大名都、安居东城等都是这一时期的典型案例。就内核式而言,其在邯郸市主城区出现得较晚,拥有该种公共交通的住宅被统一叫作短板式高层住宅。它的交通核和塔式高层住宅近似,能够保证各户都在通风和采光上具有良好的特性。

在水平交通方面,这一阶段住宅设计中明显增加了水平交通的面积,对住宅底层入口空间进行结构化设计,减少住户视觉上的干扰。另外,私密性得到增强,像荣盛·锦绣花苑、天泽园小区的入户空间设计等。

在该阶段中,短板式高层住宅逐渐盛行,通常为一梯三户或是四户,梯户比相对较低,一梯四户使户型的均好性大大减弱。就一梯三户而言,和前一时期作对比,南向的小户型得到了更多的关注,不再如同之前一般单侧朝南,用一些建筑的体形系数换来了户型的凸出,这样户型就具备了三个接触面,使户内拥有良好的通风效果。就一梯四户而言,其以一梯三户为依托,设计成双拼南向,通风性能减弱,均好性也降低,同时也不利于进行单元之间的拼接。完成拼接的话,两侧的大户型就减弱了通风性。所以,梯户比越小,就会有更多的户类,户内均好性也会大大减弱。

3.3.3　邯郸市主城区多层住宅建筑类型分析

邯郸市主城区住宅建筑由20世纪70年代开始发展,通过实地调研,基于突发公共卫生事件,对住宅建筑进行分类整理,为此类建筑的防疫应急设计提供调研分析资料与理论依据。

　　针对邯郸市市区居民和住宅建筑的突发公共卫生事件，可以将其划分为以生存为主的基本活动，以运输为主的必然性活动，以邻里交往、休闲娱乐为主的社区活动。从居民的活动方式和发生地点来看，基本活动的空间是内部的，开展必要活动的是单元公共空间，开展社会活动的是户外的空间，如图3-17所示。

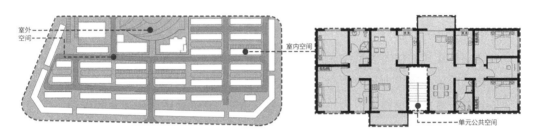

图3-17　住宅建筑空间划分示意

　　户内空间作为居民进行日常生活起居的场所，是与居民最接近的空间环境；单元公共空间作为居民进行日常交通且过渡建筑内外的场所，其环境质量与居民健康息息相关；室外空间作为居民个体与社会的联系空间，在突发公共卫生事件下，需保障居民使用的安全性，同时提高空间的利用率。

3.3.3.1　户内空间基本类型分析

　　纵观邯郸市主城区多层住宅建筑的户内空间，依据调研可以发现，起步阶段多层住宅建筑因其多为砖混结构，使户内承重墙较多导致户内空间改动的可操作性较小，发展阶段与转型阶段在此方面有所好转。调研发现，以重大突发公共卫生事件为背景，从两居室到三居室的基础户型中，按照户内空间流线组织关系，户内空间可分为以起居空间为核心的环绕式、竖向排布式和横向排布式三种主要类型（图3-18）。

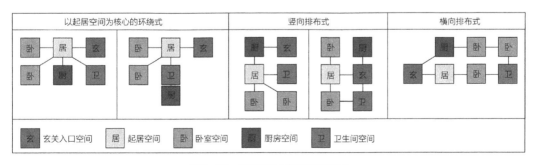

图3-18　户内空间流线组织类型

在以起居空间为核心的环绕式住宅类型中，户内整体情况为开间与进深相近，多出现于起步阶段，户内空间以起居空间为核心空间连接其余各空间，户内空间多呈现起居空间功能及流线混乱、户内整体采光通风质量较差的现状，于户内防疫不利。

在竖向排布式的住宅类型中，户内整体情况为开间较小而进深较大，多出现于发展及转型阶段。该类型的户内空间各功能空间并重，但户内流线多易交叉导致空间独立性较差，在突发公共卫生事件下户内空间呈现出空间流线组织不合理、通风采光质量较之以起居空间为核心的环绕式类型有所提升的现状，但户内空间缺乏防疫设计及防疫应急空间是值得关注的问题。

在横向排布式的住宅类型中，户内整体情况为开间较大而进深较小，同样多出现于发展及转型阶段。该类型的户内起居空间功能弱化，各功能空间组织安排较为合理，在突发公共卫生事件下呈现出户内功能流线较为明确、通风采光质量较好的优势，但因其开间较大而忽视玄关空间的设置，成为防疫的短板。

3.3.3.2 单元公共空间基本类型分析

依据对邯郸市主城区多层住宅建筑的调研，均以楼梯作为垂直交通空间联系各楼层，主要分为两种类型，分别为每层通过公共走廊空间组织各户入户消毒区即外廊式住宅，或每层通过楼梯间组织各户入户消毒区即梯间式住宅（表3-7）。

在邯郸市主城区的住宅调查中发现，外廊式单元公共空间的分布很少，多见于早期

单元公共空间流线组织类型	表3-7

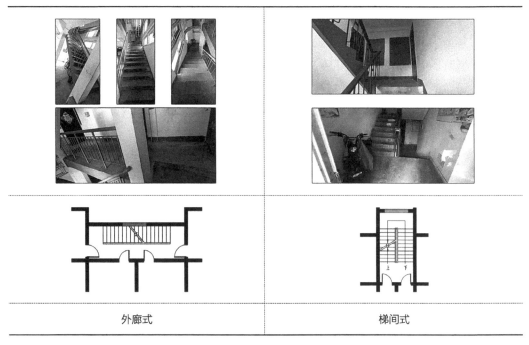

外廊式	梯间式

多层住宅。这种组织形式的入户消毒区域一般为狭长空间，但面积相对较大，适合突发公共卫生事件下的防疫布置，但由于存在数量极少，故本书不做重点研究。邯郸市主城区多层住宅中，梯间式单元公共空间是一种较为普遍的形式。这类小区的公共空间往往会安排2～4户住户进入小区，随着住户人数的增多，发生突发公共卫生事件时，居民的交叉感染风险也会随之增大。同时，由于部分楼梯间的窗户面积较小，导致通风效果不佳，容易成为防疫死角，影响到整个防疫应急工作。

3.3.3.3　室外空间基本类型分析

多层住宅建筑室外空间主要包括由小区边界与多层住宅建筑共同围合而成的空间，该类空间在突发公共卫生事件之下，成为居民进行室外活动的主要空间，根据空间分布的情况可分为分散式室外空间和集中式室外空间两种类型（图3-19）。

分散式室外空间多依托于多层住宅建筑楼间空地，多出现于邯郸市多层住宅建筑起步阶段。建设于起步阶段的多层住宅建筑，在室外空间规划与设计方面，空间预留不足，楼间空地便成为居民日常休闲娱乐的室外场所。这种形式的户外空间分布均匀，距离居民使用距离短，使用方便，但因空间面积小、品质低、容量小、环境单一、居民使用感受不佳等原因，难以满足居民日常生活需要。集中式户外空间除了具有建筑间空旷的户外空间外，还具有较大的户外活动空间。户外空间的增加，为各种设施的布局奠定了空间基础，空间的容量和质量得到了提高，空间的丰富程度也比分散布置更好，但居住范围有所扩大，而且缺少了对突发公共卫生事件的预防措施，导致了户外空间的闲置，不能满足居民的日常需要。

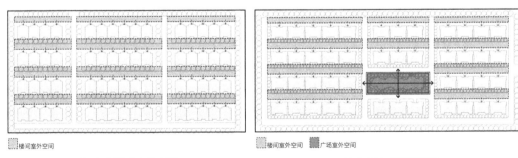

（a）分散式室外空间　　　　　　　　　　　（b）集中式室外空间

图3-19　室外空间类型

3.3.4　邯郸市主城区高层住宅类型分析

3.3.4.1　高层住宅类型分析

就高层住宅而言，通常会采用框架剪力墙结构。由于存在横竖方向上的交通空间，所以住宅有着比较繁杂的布局。在最近几年，城市有了越来越多的人口，随之土地资源更加紧张。为了让土地更好地被利用，提高容积率是最有效的途径，可以很大程度上降低住宅的占地率。

在最近几年，邯郸市建造了非常多的高层住宅。最常见的就是板式高层住宅。即东西方向比较长，但是南北方向比较短的住宅，同时包含着数个住宅单元，并且所有的单元都配备了楼梯以及电梯。在这种住宅中，用H来表示建筑高度，用B来表示面宽，用D来表示进深，三者的尺寸关系为：$H>2.5D$；$B>2.5D$，其中高和总面宽要远大于进深。整个楼栋的外形像是一块竖立的"板"，所以称之为"板式高层住宅"。

所谓的塔式高层住宅，即把公共交通空间，比如楼梯抑或是电梯，作为平面中心，建筑平面有着比较相近的长宽比。同时在同一平面上设计多个户型。其也被叫作点式高层住宅。它是平面和点非常相似，也就是面宽和进深差不多，同时高度比面宽以及进深要大得多的单体楼（表3-8）。

高层住宅分类图示

表3-8

分类	板式	塔式
图示		
	$H>2.5D$；$B>2.5D$	$H>2.5D$；$B<2.5D$

1. 板式高层住宅

以交通方式为依据，将其划分成两种。一种是廊式，另一种是单元式。就廊式高层住宅而言，在邯郸市中更为常见的是内廊式。公共交通包含了三部分：楼梯、电梯和走道。将电梯以及楼梯安置在了中间位置，在分户上比较明确，垂直交通上有着更多的户数，其公摊面积就相对比较小。然而，因为公共走道的存在，所以不管是通风，还是采光，效果都不佳。北边的用户，其房间呈现完全北向，没有光照。另外，户与户之间存在着较强的流线干扰，同时也存在着隐私泄露问题。因此，21世纪初，这种住宅慢慢退出舞台，被单元式所代替。

就单元式而言，其包含了数个单元。单元与单元能够彼此一起构成一栋高层住宅。同时，各个单元全部配备了电梯以及楼梯。住宅小区由两个区域组成，一个是由客厅、餐厅和厨房组成的公用空间。第二个是生活空间，它包括卧室和浴室。邯郸市的住房在2010年进入了市场化的轨道。在不同的单元里，电梯位于中央，一般都是一梯两户，或

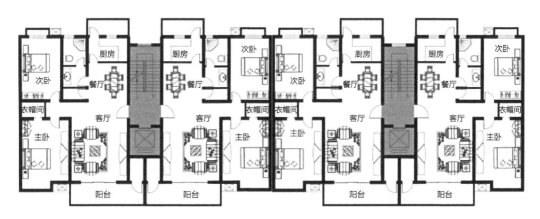

图3-20　邯郸市某板式高层住宅单元平面图

者三户。每个家庭的相互影响都比较小，而且房间的通风和照明都很好。缺点是一部电梯可供两到三个家庭使用，增加了公共面积，同时增加了升降机的成本（图3-20）。

2. 塔式高层住宅

在邯郸市，自1990年末代起塔式高层住宅才受到关注，其形式比较少，最为普遍的有两种，其一为矩形，其二为V字形。其交通相对集中，以长廊对每一户的水平交通进行连接，私密效果不好，甚至会出现住户对视的问题。通常情况下能够达到一梯六户甚至八户。一个电梯为较多的住户服务，就导致在疏散距离以及交通面积与朝向上存在着一定的缺陷。像北向住户，采光不够好，户与户之间会发生流线干扰。邯郸市的高层住宅在通风以及采光上都有着比较高的标准，这种形式的户型空间具有较大的不同。另外，限于地域性，加之居住需求较弱，这种住宅受欢迎度较低。

3. 板塔结合式高层住宅

在大型房地产企业进入邯郸市之后，板塔结合式住宅就发展成较为常见的形式。这种形式吸收了塔式以及板式的优势，也叫作"短板式"。就高层内部空间而言，站在整体上看其组织形式，可以把它当成单元塔式。站在其平面布局角度，基于交通核的位置，可以把它当成板式（表3-9）。

邯郸市短板式高层住宅案例　　　　　　　　　　表3-9

| 恒大名都（2016年） | 荣盛·锦绣花苑（2011年） | 润湿月亮湾（2012年） |

板塔结合式的高层住宅主要特点为北侧内廊的外部前室合用。和单元式相比，其长宽比更小。各户都具备一个主要功能区，并且户内是正南朝向，户型具备比较高的均好性。和塔式相比较，其又在采光上达到了居民所需。通常情况下采用两梯三户或者是四户的形式。这样的优点是在一方面确保了住户的私密性，另一方面也在共用前室空间上投放了更多的精力，加强了邻里间的沟通与交流（图3-21）。

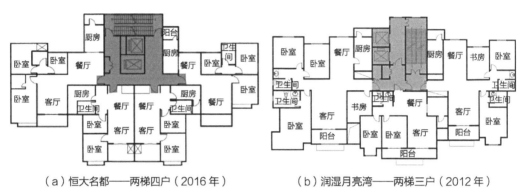

（a）恒大名都——两梯四户（2016年）   （b）润湿月亮湾——两梯三户（2012年）

图3-21   板塔组合高层平面图

3.3.4.2   高层公寓类型分析

就发展进程而言，在邯郸市，高层公寓发展比较晚。在21世纪之初进入市场，其有两大发展阶段。在第一个阶段中更倾向于面积虽小，但是价格低廉的住宅。该阶段，80后是主要消费者，他们未得到福利分房，经济水平一般，第一次买房的青年，直接全款买房是非常困难的。所以，小户型公寓就问世了。不管是价格，还是面积，全部满足了居民过渡性的刚性需求。二十到三十岁的单身亦或是同居的年轻人是其主要客户。一套住房的面积约35m²，除此之外，因为大众有了更高层面的投资需求，所以投资置业的现象突出，租赁市场也慢慢成长。该阶段，小户型公寓就慢慢展现出其独特的优势，其总价不高，需要承担的风险也相对较小，进行出租也有较高的回报率。在第二阶段中，标准户型占据主流，有了更大的面积，对户型也进行了确切的区分。自2010年开始，不少公寓同时也是商品住房，不仅可以用于居住，拥有大面积的住宅空间，甚至能够办公。通过上述发展过程来看，能够知道邯郸市的高层公寓为一种过渡需求的形态，发展起步晚且结束较早，存在时期短暂导致代表性不强。因此，在此次研究中未对此类住宅作出详细分析。

3.4　邯郸市主城区住宅建筑防疫应急设计问题分析

在邯郸市主城区住宅建筑的发展过程中，随着阶段的不同，所展现的问题也有所差异，现将各个阶段存在的问题进行总结分析，为下文分析典型住宅建筑提供调研依据。

3.4.1　户内空间防疫应急设计问题分析

在对邯郸市起步、发展、转型三个阶段住宅建筑进行实地调研之外，同时与住宅建筑的居民进行沟通交流，根据与居民的交流信息及沟通结果，对邯郸市住宅户内空间环境进行整理，估算不同类型情况占比，具体如表3-10所示。

邯郸市主城区住宅户内空间概述　　　　　　　　表3-10

阶段	公共区域				半公共区域				
	玄关空间				起居空间				
	未设置玄关	玄关比例不佳	玄关功能不足	满足简单消杀功能	居寝合一	居餐合一	流线交叉	起居空间独立	起居室空间功能不足
起步阶段	■■■□□	■■□□□	■■□□□	■■□□□	■■□□□	■■□□□	■■□□□	■■■■■	■■■■■
发展阶段	■■■□□	■■■□□	■■□□□	■■□□□	■■□□□	■■□□□	■■□□□	■■■■□	■■■■□
转型阶段	■□□□□	■■□□□	■□□□□	■■□□□	■■□□□	■■□□□	■■□□□	■■■□□	■■■□□

阶段	半私密区域				私密区域				
	厨房空间				卧室空间		洗手间空间		
	流线交叉	通风质量差	储存空间不足	空间局促	流线交叉	房间闲置	黑房间	空间局促	干湿分离
起步阶段	■■■■□	■■■■□	■■■■□	■■■■□	□□□□□	■■□□□	■■■■□	■■■■□	□□□□□
发展阶段	■■□□□	■■□□□	■■□□□	■■□□□	■■□□□	■■□□□	■■■□□	■■■□□	□□□□□
转型阶段	■□□□□	■■□□□	■■□□□	■■□□□	■■□□□	■□□□□	■■■■■	■■■■■	■■■■■

注：■□□□□表示现象存在极少，■■□□□表示现象存在较少，■■■□□表示现象存在一般，■■■■□表示现象存在较多，■■■■■表示现象存在很多。

3.4.1.1　公共区域

玄关是居民户内外空间重要的过渡空间，是突发公共卫生事件之下重要的防疫防线。根据对邯郸市住宅的调研，可以得知，在起步阶段建设的住宅建筑对玄关空间重视不足，多数未设置该空间。随着社会的发展，玄关空间的重要程度得以体现，在设置玄关空间的同时，该空间只承担简单的置物功能。后期在简单的置物功能上，置入简单的消杀功能，但是对于疫情下的整体防控来说，仍然存在一定的漏洞。

3.4.1.2 半公共区域

起居空间承载居民居家休闲、交流等功能。在早期的住宅建筑中，由于面积的限制，起居空间多与卧室空间结合布置，形成"居寝合一"的模式；后期起居空间逐渐与卧室分离，转变成为起居室与餐厅合并布置的空间模式；随着居民需求的转变，起居室也逐渐与餐厅分离。在起居室方面，该空间存在居民私密性差、流线交叉、空间功能杂糅等不利于居家防疫的问题。

3.4.1.3 半私密区域

厨房是户内空间中功能及流线最为复杂的空间，和居民居家安全与舒适度的提升息息相关。早期的厨房空间受限于户内面积未得到重视，存在通风质量差、空间局促、流线混乱、储物空间不足及设计不符合人体工学等问题，影响居民安全的同时也降低了居民居家舒适度。但随着经济的发展，厨房在户内空间设计中的比重有所提升，通风问题得到明显改善，但是仍然存在流线及空间设计不合理、储物空间不足等问题，且出现了新的例如垃圾分类不足等问题，不利于保障居民居家隔离的安全。

3.4.1.4 私密区域

对于卧室空间来说，早期的卧室与起居空间合并设置，且卧室还需承担学习的功能，总体造成卧室空间的功能杂糅和流线交叉等问题。在居寝分离之后，卧室空间面临的问题可概括为三个方面。首先是卧室空间不足，造成过季衣服等物品占用卧室空间，影响使用质量；其次，随着居民人口结构的变化，卧室空间出现闲置的情况，但是未对闲置空间进行有效设计，造成空间浪费的问题；最后，在突发公共卫生事件时，无法设置相对独立的隔离空间，对居家防疫的进行产生了负面影响。

卫生间是居家防疫的薄弱环节，在其设计方面，早期该空间多不注重通风与采光，设置为"黑房间"。随着疫情的发生，居民对于卫生间的需求由"通风采光"转变为"干湿分离"。进行卫生间防疫设计，不仅是满足居民对优质空间的需求，更是对居民安全的保护。

3.4.1.5 自然因素

在通风方面，早期的住宅建筑由于开窗面积、窗户利用率不高，导致户内空气质量差。在建筑的发展过程中，户内通风得到有效改善，需重点改善洗手间与厨房的通风环境。

在采光方面，户内光照质量关系着居民的身体与心理健康，因此充足的光照环境在疫情之下尤其重要。在起步阶段的住宅建筑中因存在"黑房间",户内采光质量较差。随着社会的发展,住宅建筑的采光也有所改善,在满足基本需求的基础上更加注重居民的心理感受,利于居民居家隔离与户内防疫的进行。

3.4.2　单元公共空间防疫应急设计问题分析

依据调研,对邯郸市住宅的单元公共空间环境现状进行整理,具体如表3-11所示。

邯郸市主城区住宅建筑单元公共空间概述　　　　　　　　　　表3-11

阶段	公共区域						半公共区域			
	单元入口			楼梯空间			入户消毒空间			
	信报箱等设施	入口消杀设施	入口门禁	杂物堆放	卫生环境差	消杀设备	通过型入户空间	交通枢纽型入户空间	玄关型入户空间	防疫设计
起步阶段										
发展阶段										
转型阶段										

注:▮□□□□表示现象存在极少,▮▮□□□表示现象存在较少,▮▮▮□□表示现象存在一般,▮▮▮▮□表示现象存在较多,▮▮▮▮▮表示现象存在很多。

3.4.2.1　公共区域

单元入口空间作为建筑内外部空间的过渡空间,随着时代的发展,在便民设施、空间面积规模方面表现出较为明显的提升,但是仍然存在一些问题。首先,便民服务设施缺少统一管理,消杀不到位;其次,面积较为局促,居民使用体验感较差;最后,单元入口空间多数缺少防疫设计,无法保障居民在突发公共卫生事件下的安全,需要重点关注该方面的问题。

楼梯空间被杂物侵占的情况有所缓解,整体环境质量有所提升,但是缺乏消杀设施,影响疫情下的防疫布控。

3.4.2.2　半公共区域

根据调研,住宅建筑入户消毒区可大致分为三种类型:通过型、交通枢纽型和玄关型(图3-22)。通过型入户空间,主要用于通行,涉及使用居民较少,但空间较小,无置物功能;交通枢纽型入户空间较大,但是涉及居民较多,功能划分不够明确,容易出现居民交叉感染的情况;玄关型入户空间面积较大,且空间相对独立,功能较为完善,

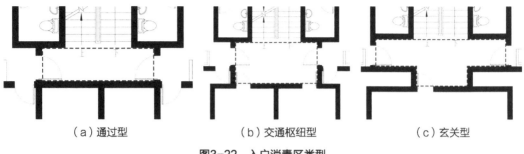

（a）通过型　　　　　　（b）交通枢纽型　　　　　　（c）玄关型

图3-22　入户消毒区类型

可承载简单的置物功能。该空间存在的问题分为两方面，对于面积较小的通过型入户空间，由于面积的限制，无法进行有效的防疫布置；对于面积较大的交通枢纽型和玄关型入户空间，面积略有扩大，但多用于堆放杂物，并未进行有效的防疫设计。

3.4.2.3　自然因素

关于楼梯间的通风问题，早期的多层建筑通风较差，同时存在居民将楼梯间作为抽油烟机外机的安放空间，加速了该空间通风环境的恶化。但是随着时代的发展，楼梯间开窗面积及开窗方式的改变，以及对抽油烟机的整治，该空间的通风环境得到了一定的改善。在突发公共卫生事件下，楼梯间存在的问题主要包括杂物随意堆放、挤压楼梯间空间，使楼梯间空间更加狭小；未设置有效的防疫设施，同时杂物的堆放不利于消杀的彻底进行，使得该空间成为防控下的薄弱环节。

3.4.3　室外空间防疫应急设计问题分析

依据调研，对邯郸市住宅的室外空间环境现状进行整理，具体如表3-12所示。

邯郸市主城区住宅建筑室外空间概述　　　　　　表3-12

阶段	内部流线						公共空间			
	人行流线		车行流线		垃圾流线					
	人车分流	人车交叉	道路破旧	停车问题	单独设置出入口	流线交叉	空间比例差	面积狭小	空间侵占	规划设计
起步阶段	□□□□	■■■■	■■□□	■□□□	■■■□	■□□□	■■□□	■□□□	■□□□	■□□□
发展阶段	□□□□	■■■□	■■□□	■■□□	■■□□	■□□□	■■□□	■□□□	■■□□	■□□□
转型阶段	■□□□	■■□□	■□□□	■■□□	■□□□	■□□□	■■■□	■■■□	■□□□	■□□□

续表

阶段	公共设施							绿化环境营造			
	休闲娱乐设施				卫生防疫设施						
	需求不匹配	覆盖人群不足	管理不完善	设施老化	防疫设计	废弃口罩专用垃圾桶	垃圾分类	植物配置	绿化面积	空间侵占	景观设计
起步阶段	■■■■□	■■■■□	■■■■□	■■■■□	■□□□□	■■□□□	■■■■□	■■■□□	■■■□□	■■□□□	■□□□□
发展阶段	■■■□□	■■■□□	■■■■□	■■■□□	■■□□□	■■■□□	■■■□□	■■■□□	■■■□□	■■■□□	■■□□□
转型阶段	■■□□□	■■□□□	■■■□□	■■□□□	■■■□□	■■■□□	■■■□□	■■■■□	■■■■□	■■■□□	■■□□□

注：■□□□□表示现象存在极少，■■□□□表示现象存在较少，■■■□□表示现象存在一般，■■■■□表示现象存在较多，■■■■■表示现象存在很多。

3.4.3.1　内部流线

小区内部的交通流线与细菌和病毒的传播联系紧密。在邯郸市住宅小区的早期设计中，人车多数为不分流，人行与车行流线交叉严重，且道路质量较差，不方便居民使用。在后期设计中，小区内部拓宽了交通道路，使得人行与车行略有分离，居民安全保障有所提升。在垃圾流线方面，流线与人行和车行交叉严重，在垃圾运输的过程中，易造成对环境的"二次污染"，严重影响突发卫生公共事件下的疫情防控，需要着重关注。

3.4.3.2　公共空间

在疫情期间，市民们难得可以放松的地方就是公共空间。在过去的小区规划和设计中，没有充分考虑到公共空间的问题，大部分的公共空间都是依靠建筑物间的空地来实现的，但因为规模的限制和设计的缺失，使得公共空间难以获得高质量。后期居住小区的公共空间品质得到改善，具体体现在：空间的规模增大，功能布局基本能够满足正常居住人群的需要。然而，放眼邯郸市的住宅公共空间，空间设计不足、层次缺乏、缺乏统一管理、私人占用空间等问题仍然存在。

3.4.3.3　公共设施

突发公共卫生事件下，住宅小区的休闲娱乐设施和卫生防疫设施作用凸显。休闲娱乐设施存在问题可归纳为四个方面：首先，与居民需求不匹配，往往出现部分设施闲置、部分设施不足等现象；其次，设施覆盖面不足，多数缺少儿童娱乐设施；再次，设施的管理不足导致设施老化严重，部分设施无法使用，造成空间的闲置与资源的浪费；最后，设施的布置往往缺少防疫设计，无法保障居民在突发公共卫生事件下的使用。

在卫生防疫设施方面，具体表现为废弃口罩专用垃圾桶与其他垃圾分类。多数小区未设置废弃口罩专用垃圾箱，废弃口罩与普通垃圾一同处理；且多数小区内设置分类垃圾桶，但是垃圾分类的实施缺乏管理，分类垃圾桶形同虚设。

3.4.3.4 绿化环境营造

在很长一段时间内，绿化环境都是作为住宅建筑的附属而存在，其本身并不具有单独布置和设计的可能性。起步阶段的住宅建筑绿化环境由于多采用乔木，且树的种植未考虑与建筑的距离问题，随着乔木的生长逐渐影响住宅采光与通风。同时，还存在绿化管理不足的现象，导致绿化用地地皮裸露，逐渐成为垃圾存放地。最后，绿化环境由于缺乏设计，造成各小区千篇一律的现象，以及树种植被单一、季相变化不明显等问题，都对小区的绿化环境营造产生不利影响。

3.5 本章小结

本章从邯郸市主城区住宅的建设和发展历程、不同时期的住宅现状及特点阐述了邯郸市主城区住宅的现状及问题。基于突发公共卫生事件，通过调研不同时期邯郸市主城区住宅建筑现状并分析其在户内空间、单元公共空间和室外空间所存在的问题，进行归纳总结、分类，提炼共性问题。本章属于本书基本调研部分，为下章邯郸市主城区代表住宅建筑的深入调研和现状问题提供了充分的依据。

第 4 章
邯郸市多层住宅建筑防疫应急设计现状及分析

4.1 调研对象选取

4.2 多层住宅案例分析

4.3 问卷调查与数据分析

4.4 现状问题总结

4.5 本章小结

本章将在整体调研的基础上，选取具有代表性的多层住宅建筑，从影响多层住宅建筑防疫应急设计的因素出发，对居住在其中的居民展开问卷调研，获得第一手的主观问卷调研资料，了解居民对住宅建筑户内空间、单元公共空间及室外空间防疫设计的期待和评价，为下文的建筑防疫应急设计策略作基础。详见附录1。

4.1 调研对象选取

4.1.1 调研对象选取原则

在选取典型多层住宅时考虑了以下几个因素：

调研区域的覆盖性：为使调研的样本更具有广泛性，避免因地理位置的不同而导致结果的差异性，调研对象的选取应覆盖邯郸市主城区的丛台、邯山、复兴三个行政区域。

建成时间的跨度性：邯郸市主城区多层住宅的建成时间跨度较大，调研对象的选取要基本覆盖多层住宅发展历程，是各时期能够代表当时设计及建设水平的具有代表性的建筑，使归纳总结改造策略具有一定的普适性。

使用人群差异性：多层住宅建筑因其建设的投资主体、区位及周边环境的不同，居民的构成人群也存在一定的差异性。例如，大院建筑多为机关及企事业单位的家属楼，其人群构成属性相对单一，而商品房住宅小区的居住人群的构成则更为多元化。虽然随着住宅的使用，人群属性在不断变化之中，但也基本保持了原有的人群构成属性。调研对象的选取要尽量覆盖各种人群属性。

1. 多层建筑

体现住宅的多样性：由于邯郸市建筑建设的年代不同，其发展是多样性的；邯郸市多层住宅建筑的平面形式主要为梯间式、短内廊式两种，其中梯间式可分为一梯两户、一梯三户、一梯四户三种类型；建筑布局形式主要为行列式、行列+点群式、混合式三种。选取不同平面形式及以不同布局形式的多层住宅进行对比分析，有利于后期提出防疫应急策略。

2. 高层建筑

在建造年代完整性方面，选取邯郸市高层住宅发展历程中三个阶段的不同类型住宅。在高层住宅小区规模方面，尽量选择用地面积广泛、容积率较高、楼栋数及户型种类较多的高层住宅进行研究。在人口结构多样性方面，选取与邯郸市整体平均人口结构相近的住宅小区进行调查研究。

4.1.2　调研对象简述

综上所述，考虑时间跨度、人群差异、住宅多样等因素，选取罗城头四号院、铁路大院、广泰小区、光华苑北区和亚太世纪花园五个小区作为典型研究对象，小区所在位置如图4-1所示。

图4-1　调研分布图

在实地调研和图像采集的基础上，对所选择的典型多层住宅建筑进行基础信息整理，并对多层住宅建筑基本情况进行简要归纳，以此确定典型小区的多层住宅建筑现状，如表4-1所示。

邯郸市主城区多层住宅建筑调研数据　　　　　　表4-1

小区名称	区域与位置	建筑层数（层）	建造年份	人群属性	平面类型	空间布局
罗城头四号院	邯山区，光明大街347号	4~6	1988年	综合类	梯间式	行列式
铁路大院	复兴区，铁西南大街22号	6~7	1996年	职工类	梯间式	行列式+点式
广泰小区	丛台区，广泰街	6	2000年	综合类	梯间式	行列式+点式
光华苑北区	复兴区，光华街联纺西路	6	2004年	综合类	梯间式	行列式
亚太世纪花园	丛台区，丛台北路	6	2004年	综合类	梯间式	行列式

1．罗城头四号院典型性分析

罗城头四号院建设于20世纪80年代，处于邯郸市多层住宅建筑起步阶段，建筑结构以砖混结构为主，现在仍然在使用且保存完好。罗城头四号院位于邯山区，属于街区式小区，居民人口结构多元化，但多以老年人为主。在住宅建筑方面，户型以两居室居多，多为一梯两户或一梯三户，建筑采用行列式布局。作为邯郸市早期建设的多层住宅建筑，对罗城头四号院的研究具有必要性和典型性。

2．铁路大院典型性分析

铁路大院坐落在邯郸市复兴区的铁道街，是一个典型的"单位大院"，它的名字来源于京广铁路线。铁路大院比较全面地包括了邯郸市多层住宅楼发展的历史阶段，从砖木到框架结构。铁路大院是一个典型的工住结合的单位大院式居住小区，其居住人群主要是铁道职工，其人口构成比较单一。住宅的房型分为两室一厅和三室一厅，采用点式、行列式混合的格局。该社区拥有完备的生活配套设施，包括了人们的衣食住行和教育，自成"小社会"，在突发的公共卫生事件中具有很强的自助性。而"邯涉铁路"则是太行山革命的回忆，历史的瑰宝，历史的精神财富。因此，不管是基于建筑本身，还是它所代表的意义，都需要对其进行深入的研究。

3．广泰小区典型性分析

广泰小区建设于2000年，属于邯郸市多层住宅发展阶段和转型阶段的过渡时期，是邯郸市第一个集群式多层住宅小区，居民人口结构多元。广泰小区位于邯郸市丛台区，建筑户型以经典的两居室为主，但也存在少许三居室，面积从64～120m²不等，建筑采用行列式和点式混合式布局。方方正正的户型、靓丽的房子外观和规划整洁的小区环境，在那个还是以家属楼为主的时代里显得格外洋气、出挑。广泰小区承载着邯郸城市变迁中大部分居民最初的记忆，也是邯郸迈入商品小区的开端，具有研究的典型性。

4．光华苑北区典型性分析

光华苑北区建设于2004年，是邯郸市多层住宅的转型时期，这一时期人们对居住质量的关注有了很大的提升。光华苑北区位于邯郸市复兴区，小区内住宅以两居室、三居室户型为主，建筑采用行列式布局模式，荣获河北省规划设计二等奖。该小区居民人口结构多元化，分布较平均。作为转型时期建设的多层住宅，具有研究的必要性，将在下文展开研究。

5．亚太世纪花园典型性分析

亚太世纪花园小区位于邯郸市丛台区，建成于2010年，是全国小康小区，河北省重点项目，邯郸市绿色、节能、宽带智能化小区。亚太世纪花园小区是一种组团式的住宅小区，其建筑形式是以住宅小区为单元，由多个建筑单元组成，并将其包围起来，形成一个户外公共空间，其间包括服务中心、劳模文化广场、商业步行街、幼儿园、小学、储蓄所、医院、邮政所等。住区居民包括国企、政府机关、事业单位职工和私营企业主，具有不同的人口和学历构成。多层楼是过渡时期的一种典型，它在设计理念、建成环境、居住结构等方面都具有一定的代表性。

4.2　多层住宅案例分析

主要分析内容：

（1）单元户内空间：世界卫生组织《住房与健康指南》（HHGL）指出，住宅建筑在保持住户的身心健康之外，还须满足居民的社会经济和功能需求，以此为目标改善居住环境。因此，住宅建筑的户内空间必须具备必要的能力来应对各种公共卫生事件挑战。根据多层建筑户内空间要素，对所选择的五个多层住宅建筑小区进行深入调研，结合居民交流和问卷调研并总结现状，将实地调研中的问题与户内空间要素一一对应，对多层住宅建筑在突发公共卫生事件下的问题进行总结，为多层住宅建筑在突发公共卫生事件之下的防疫应急策略的提出提供依据。

（2）单元公共空间：住宅单元公共空间承担居民进出入建筑、连接各独立空间的功能，是居民流线较为交叉的区域，易造成公共卫生事件下的交叉感染。由此可见，住宅单元公共空间与居民防疫的重要性。根据多层建筑单元公共空间要素，对所选择的五个多层住宅建筑小区进行深入调研，结合居民交流和问卷调研并总结现状，将实地调研中的问题与单元公共空间要素一一对应，对多层住宅建筑在突发公共卫生事件下的问题进行总结，为多层住宅建筑在突发公共卫生事件之下的防疫应急策略的提出提供依据。

（3）住区室外空间："室外空间"是指住宅主体周围的环境，它担负着满足人们日常休憩、娱乐以及住宅内部与外部空间的连接等多种功能需求。在突发公共卫生事件中，户外空间是方便快捷实现居民户外活动的场所。户外活动不仅可以增强居民的体质，还可以帮助人们在疫情期间保持良好的联系，并减轻人们在疫情期间的孤独感，增强社区的归属感。在突发公共卫生事件中，户外空间起到不可替代的作用。本书从多层住宅外部空间因素出发，对五个多层住宅小区进行了调查，通过对住户的沟通、调查，总结了目前的情况，将调查发现的问题一一对应于室外空间要素，对多层住宅在突发公共卫生事件下的室外空间问题进行总结，为其在突发公共卫生事件下的防疫应急策略的提出提供参考。

4.2.1　罗城头四号院

1. 单元户内空间

罗城头四号院位于邯郸市邯山区，西邻光明南大街，南靠学院北路，共有多层住宅建筑25栋，采用行列式空间布局。依据房屋中介对罗城头四号院户型的统计，并结合网络补充调研，可以得出，在户型方面，罗城头户型种类以两室一厅为主，面积由42～70m²不等，其中两室零厅约占9.57%；两室一厅占72.17%；三室一厅占16.52%；三室两厅占1.74%（图4-2）。

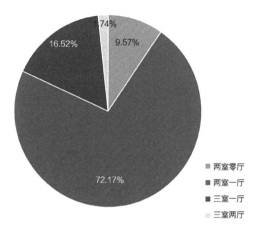

图4-2　罗城头四号院不同户型占比情况

在罗城头四号院中，具有典型性的住宅类型平面为两室零厅和两室一厅，属于以起居空间为核心的环绕式户内空间类型，本小结将注重分析该两种户型的平面布局方式对户内空间的影响差异，具体如下文所示（图4-3）。

（a）两室零厅

（b）两室一厅

图4-3　罗城头四号院典型户型分析

在两室零厅的户型中，面积约为45m²，布置有两间卧室、一间厨房与一间洗手间，受限于整体面积偏小，户内各功能空间普遍偏小。在公共区域方面，入口通廊空间可作为玄关空间，但空间狭小，只能承担简单的置物功能，无法满足居民防疫需求。在半公共区域方面，该户型的户内空间将起居室与卧室空间合并，并且承担居民就餐的功能，就私密性方面来说，无法确保居民日常居住的私密空间；就防疫方面来说，空间的重叠意味着流线的交叉，而流线的交叉会导致居民"居家隔离"存在风险。在半私密区域方面，厨房的设置不符合人体工学的设计，面积狭小的厨房导致户内储存空间不足，无法满足居民在疫情之下对储物空间的需求。在私密区域方面，洗手间的布置无法满足干湿分离的需求，且设备老旧，空间质量差；独立的卧室空间基本可满足居民需求。在自然因素方面，户内通风及采光较差，洗手间为"黑房间"，通风、采光都存在很大问题，户内无法形成有效风循环，不利于疫情之下的户内通风。总体而言，户内面积狭小成为制约居民居家生活质量提升的最大掣肘。在空间方面，主要体现在空间重叠，功能交叉，导致了户内空间流线的交叉，主要体现在娱乐流线、工作流线与学习流线等流线交叉。

在两室一厅的户型中，面积约为65m²，布局为两间卧室、一间起居室、一间厨房与一间洗手间。在该户内空间中，明显的提升表现在面积的扩大使得起居空间与卧室空间分离。在公共区域方面，玄关的设计及使用并未有很大的提升，玄关功能的缺失使户内空间缺少应对突发公共卫生事件下的第一道防线，无法满足居民的防疫需求。在半公共空间方面，起居空间从卧室空间中分离，娱乐空间与休息空间分离。在突发公共卫生事件之下，起居空间的独立使户内空间流线交叉问题略有缓解，并使居民生活私密性得到了保障。在半私密区域方面，对厨房的重视程度依然不足，空间的混乱、储物空间的缺少、垃圾分类的不完善在疫情之下都存在着巨大的安全隐患。在私密空间方面，洗手间的重要程度不言而喻，但早期洗手间的设计只是满足"基本需求"而无法保障居民使用质量，在疫情之下，干湿不分离的洗手间大大增加了居家感染病毒的风险。在卧室空间上，卧室仅仅满足居民休息的需求，同时承担储物的功能，但是就多数居民而言，卧室空间同样承担学习功能，但是功能之间存在转变不畅的问题，影响居民居家隔离的感受，且阳台空间与卧室空间嵌套，造成流线交叉，同时也影响居民生活私密性。在自然因素方面，该小区的户型多存在通风问题，户内空间南北不通透，影响户内空气循环，于居民健康不利。在采光方面，该小区存在的最大问题就是起居室的光环境，起居室多未设置开窗，采光依靠卧室等空间的漫反射，缺乏日照。该种户型较之两室零厅的户型，在居民居住感受方面略有提升。在空间方面，起居室的设置使各空间逐步独立，但空间狭小、功能不足依旧是制约户内防疫效果提升的主要因素。起居空间的独立使户内流线交叉得到缓解，但流线交叉的问题依旧存在。

2. 单元公共空间

罗城头四号院作为邯郸市主城区早期建设的多层住宅小区，在其单元公共空间设计上，具有典型性。

罗城头四号院在单元公用区域内，单元空间开放，没有附加的信报箱等公用设施和功能，且没有单元门，在突发公共卫生事件中，不能限制居民流线，不利于小区层面的防控布置，同时单元门口随意停放自行车和电动车，交通杂乱无章，影响居民出行及安全；由于楼梯间空间狭窄、照明效果不佳，楼梯间的空间存在着大量的垃圾，不仅占用了居民的出行空间，还造成了楼梯间的环境污染，使得居民在这一空间中无法得到防疫保护，易成为疫情之下的防疫薄弱空间。在半公用的部分，罗城头四号院的入户消毒空间多为流经式，涉及的住户不多，但空间比较狭窄，大部分住户没有做好防护措施，只承担交通功能。从自然因素来看，罗城头四号院的楼梯间采用了混凝土雕花结构，这种结构的窗户采光和通风都不好，导致了楼梯间的光线比较暗，空气质量也比较差（图4-4）。

（a）单元入口无门禁　　　　　　　　　　　（b）通过型

图4-4　罗城头四号院单元公共空间现状

总体来说，罗城头四号院因建设年代较为久远，在单元公共空间上缺乏设计，正常情况下就已经很难满足居民使用要求，在突发公共卫生事件之下，对居民流线规划与限制、楼梯间通风与消杀等方面提出了更高的要求，现有设计已无法满足。

3. 住区室外空间

罗城头四号院建筑排布为行列式，其室外空间走向也多为带状，属于集中式户内空间类型，在多层住宅建筑的室外空间设计中，可重点分析。

根据对罗城头四号院户外空间的调查，从图4-5可以看出，在户外流线上，该区域主要有两个出入口，主出入口为人、车混合，次出入口以行人为主。在小区内部流线中，人行和车行都存在于同一路段，路径重叠，并且由于道路预留了狭窄的人行通道，导致车行道不通畅，人行道不畅通，行人在车行道上穿行。在垃圾流线上，垃圾流线与行人、车辆的流线高度重叠，且没有独立的垃圾入口，容易造成二次污染。在小区停车上，大部分的汽车都是停在小区路和马路边，这些区域大部分是硬化路面，但是这些区域的空间不能满足居民的停车需要。在公共空间上，以住宅为中心，设置住宅公用的活动场地。在这一区域，大部分的地面都是硬砖，缺乏绿化和景观小品，而且缺乏空间的防疫性设计，在发生突发的公共卫生事件时，会影响到居民的日常生活。在公用设施上，在小区门口放置垃圾分类垃圾桶，减少垃圾运送距离，有利于防疫。然而，由于缺乏有效的管理，导致了垃圾分类工作的执行不利。罗城头四号院的休闲娱乐设施陈旧，不能满足住户的需要，而且多是以运动场所为主，缺乏儿童娱乐设施，居民覆盖面不

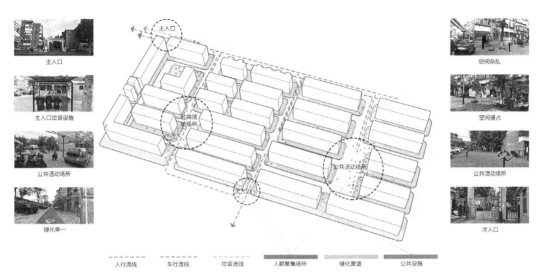

图4-5　罗城头四号院室外空间现状

够；且在公共活动场所中，设施布置较少，空间较为空旷，缺少座椅，造成不便。在绿化环境营造方面，该小区主要短板为缺少地面绿化，绿化多以乔木为主，地面多裸露或为硬质铺装，造成绿化环境差且层次不足。

对于罗城头四号院的室外环境来说，整体质量较差，所存在的问题主要体现在交通流线混乱、停车区域挤压步行空间、公共空间质量不高、设施不足且老旧、绿化环境层次不足等方面。在突发公共卫生事件下，容易成为防疫的短板，已无法保障居民室外活动的需求与安全。

4.2.2　铁路大院

1．单元户内空间

铁路大院小区位于邯郸市复兴区，西靠铁西南大街、东临邯郸市火车站，共有多层住宅建筑77栋，采用行列式加点式的空间布局。依据房屋中介对铁路大院户型的统计，并结合网络补充调研，可以得出在户型方面，铁路大院户型种类依然以两室一厅为主，面积由25~88m²不等，其中一室一厅约占10.53%，两室一厅占49.12%，两室两厅占26.32%，三室一厅占5.26%，三室两厅占8.77%（图4-6）。

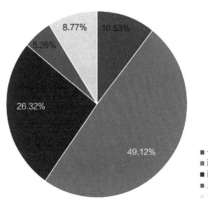

图4-6　铁路大院不同户型占比情况

　　由于一室一厅户型在铁路大院中占比较少，且在当下设计中，该户型极少存在，不为主流户型，故不作考虑。在铁路大院小区中，具有典型性的户型为两室一厅和两室两厅，多为竖向排布式户内空间类型，户型的平面布局方式对户内空间的影响差异，如下文所示（图4-7）。

　　两室一厅的户型，面积约为49m²，户内布置有起居室、厨房、卧室和洗手间等空间。在公共区域方面，早期建设的多层住宅建筑对门厅及玄关空间都存在重视不足的问题，玄关空间无法满足居民换衣、消毒等功能需求。在半公共区域，起居室空间独立，相较于罗城头四号院的设计，铁路大院的起居室无明显的提升。在半私密区域方面，厨

（a）两室一厅

（b）两室两厅

图4-7　铁路大院典型户型分析

房空间兼具储物功能，但空间比例狭长，使用体验感不佳。在私密区域方面，卧室空间采光充足，利于居民居家隔离及防疫时的身心健康。在洗手间方面，较之罗城头四号院有明显的提升，表现在洗手间设置开窗，在原本"黑房间"的基础上洗手间的通风、采光都明显改善，但依然存在面积狭小无法干湿分离的弊端。在自然因素方面，除却洗手间外，其余空间并无明显进步，起居室空间的采光依然多依靠卧室漫反射，采光不佳与通风质量不佳联系密切。总结来说，该户型在空间方面除缺少玄关空间外，其余均较为良好，需主要提升通风与采光质量。

两室两厅的户型，面积约为53m²，内部空间分别有玄关、起居室、餐厅、厨房、卧室、卫生间等。在公共区域方面，利用餐厅与卫生间之间的走廊空间作为玄关空间，可承担简单的置物换衣功能，但是对于消杀功能却是无法满足的。在半公共区域，起居室与餐厅空间也相互独立，空间重合现象减少。在半私密区域方面，厨房的弊端表现在设计不符合居民使用流线，储物空间不足致使杂物堆积，不利于突发公共卫生事件下的空间彻底消杀。在私密区域方面，卫生间仍然存在"黑房间"问题，面积局促，无法满足干湿分离的需求。在卧室方面，基本可满足居民使用需求，但可提升该空间的功能复合性，同时同样存在阳台空间与卧室空间嵌套的问题。在自然因素方面，通风依然是该户型内空间存在的短板问题，同时洗手间的"黑房间"问题也需得到重视。总体来说，两厅的设计使起居空间和餐厅空间互相独立，使户内空间功能嵌套问题略有缓解，需重点关注玄关功能不足与户内通风质量差的问题。

2. 单元公共空间

铁路大院为邯郸早期建设的单位大院小区，因其规模、配套设施、城市记忆等多方面原因成为邯郸市多层住宅建筑的典型代表。

该小区多层住宅建筑在单元公共区域方面，情况与罗城头四号院类似，入口单元空间同样开敞，无单元门，但入口空间设置信报箱，延长了居民在此空间的停留时间，且未进行防疫设计；楼梯空间质量较罗城头四号院提升也不明显，但楼梯间堆放杂物情况略有缓解。在半公共区域方面，铁路大院入户消毒区多为交通枢纽型，多户居民共同使用狭小的入户交通空间，由于涉及居民较多且受限于该区域面积狭小，无法进行消杀设施布置，是疫情防控的短板区域。在自然因素方面，铁路大院楼梯间的采光同样使用混凝土镂空雕花窗，冬季居民为抵御寒冷，用油纸密封镂空开窗，使该空间内通风质量降低且影响采光，无法满足楼梯间通风换气的需求（图4-8）。

总体而言，与罗城头四号院相比，铁路大院多层住宅单元的公共空间改善程度不高，仍存在着不能满足居民需要的问题，小区公共空间的环境质量很差。

3. 住区室外空间

铁路大院采用点式与行列式混合的布局模式，形成较为丰富的室外空间，属于集中式室外空间类型，可进行多层住宅建筑室外空间的分析。

（a）楼梯间开窗形式　　　　（b）交通枢纽型　　　　　　（c）油纸密封窗户

图4-8　铁路大院单元公共空间现状

依据对铁路大院室外空间的调研顺序进行分析（图4-9），在内部流线方面，小区设有两个出入口，皆为人车混行，且目前南侧的次入口已停止使用，更加重了主入口的通行压力。在小区内部的流线中，为人行与车行流线重合，对于车行路面来说，设置有消防通道；人行道设置较窄且人行道种植低矮乔木，压缩了人行道可行范围，小区内道路质量整体较好。小区垃圾流线与人行、车行流线重合，同样未设置单独垃圾车出入口，不利于小区内整体防疫。同样存在车辆停放侵占步行空间现象，无法满足居民需求。在公共空间方面，铁路大院设置的春晖园，为居民主要使用的公共空间，该区域环境质量营造较好但硬质铺装过多，环境层次较为单一；其次，在建筑单元入口、道路交汇处设置桌椅形成小型公共空间，方便居民进行观景、聊天、晒太阳等行为。在公共设施方面，铁路大院的垃圾设施多沿道路分散布置，垃圾集中回收处的垃圾桶设计拉环，避免了居民使用时直接接触垃圾桶，但是仅部分垃圾桶作了此设计，覆盖面不全。于休

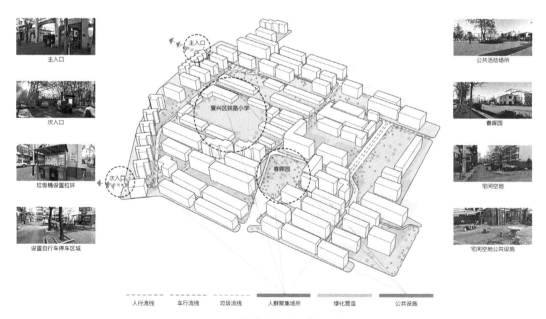

图4-9　铁路大院室外空间现状

闲娱乐设施而言，小区内多布置桌椅，方便居民交流，居民健身设施种类单一，且人群覆盖面不足，儿童娱乐设施较少，且未进行防疫设计，在突发公共卫生事件下无法保障居民正常使用与安全。在绿化环境营造方面，该小区同样缺少地面绿化，宅间空地多为硬质铺装或沥青路面，整体绿化多以高大乔木为主，无法营造休闲、舒适的室外空间。

　　铁路大院室外空间较之罗城头四号院略有提升，点式与行列式混合的建筑布局营造了更为丰富的室外空间，但对于这些空间的设计不足，无法满足居民需求，造成了空间的浪费，可着重提升此类空间的使用品质，营造适用于突发公共卫生事件的室外空间，方便居民使用。

4.2.3　广泰小区

　　1. 单元户内空间

　　广泰小区位于邯郸市丛台区，西靠广泰街、东临东柳北大街，共有多层住宅建筑36栋，采用行列式加点式的空间布局。依据房屋中介对广泰小区户型的统计，并结合网络补充调研，可以得出在户型方面，广泰小区户型种类以三室两厅为主，面积由58~128m^{2}不等，其中两室一厅一卫约占9.85%，两室两厅一卫占11.36%，三室两厅一卫占61.36%，三室两厅两卫占9.85%，四室两厅两卫占7.58%（图4-10）。

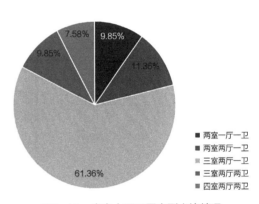

图4-10　广泰小区不同户型占比情况

　　在广泰小区的住宅户型中，较为典型的是两室一厅一卫及三室两厅一卫的户型，多为竖向排布式户内空间类型，具体如下文所示（图4-11）。

　　两室一厅一卫的户型，面积约为50m^2，包括玄关、起居室、厨房、卧室和卫生间等房间。在公共场所方面，这类户型的门厅面积增加了，但因缺少有效的防疫应急预案，造成了空间浪费，不利于构筑内部空间的防疫第一道防线。在半公用面积上，这一单元比以前的两室单元少了依靠其他空间如卧室的采光，并且有单独的窗子。在半隐私的地方，厨房的比例很好，方便使用，但空间相对也有限。在私人领域，寝室的综合学习功能，就不多说了；卫生间部分，淋浴区和盥洗室分隔开来，开始重视这一区域的干、湿分隔，但因整体空间狭窄，使用起来不舒服。从自然性角度看，客厅的独立窗户可以提高户内的采光和通风，但卫生间这一"黑房间"依然是提高居住环境和居住品质的关键。

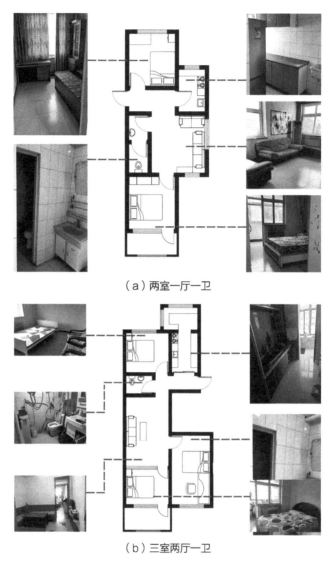

（a）两室一厅一卫

（b）三室两厅一卫

图4-11　广泰小区典型户型分析

　　三室两厅一卫的户型，面积约为75m²，户内布置有玄关、起居室、厨房、卧室及卫生间等空间。玄关作为户内空间的公共区域，在该户型中与入户走廊空间一起设置，功能同样简单，不再赘述。在半公共区域方面，面积狭小，除却家具外空间只能用作走廊，空间的局促限制了该空间的功能复合，空间利用效率较低。在半私密区域，厨房空间大小有所提升，由于厨房是集储藏、备餐、烹调、配餐、清洗等功能于一体的综合服务空间，面积比例不佳影响居民使用。在私密空间区域，卫生间无法自然通风采光、干湿无法分离依旧是该空间最值得关注的问题。在卧室空间方面，面积的扩大使该空间与学习空间复合，提升了该空间的使用效率。在自然因素方面，差异性主要表现在厨房空间，空间比例过长，对户内通风和采光都产生不利影响。总体来说，三室的设计除却面积的扩大提升居民居家舒适度外，卧室的增加也为居家隔离空间的布置提供了可能。在该户型中，北向卧室可作为突发公共卫生事件下的隔离空间，但是由于户内只设有一个卫生间，无法很好地区分隔离流线与居民正常生活流线。

2. 单元公共空间

广泰小区建设于2000年，处于邯郸市多层住宅发展与转型阶段的交接时期，因此其设计较罗城头四号院与铁路大院略有提升，在单元公共空间上，具有分析和研究的价值。

广泰小区的单元公共空间中，有一些住宅没有独立的入口单元门，有的则设有单元门，单元门的设计可以有效地区别不同空间的住户，降低居民流线的交叉。同时，小区门口有一个综合信报箱，但不管是否安装了单元门，入口空间都没有做任何防护措施，而且入口空间经常会有车辆随意停放，挤压了多层住宅的入口空间，造成了防疫和安全上的漏洞。与铁道大院相比，楼梯间的空间品质有所改善，总体环境更加干净，楼梯间的堆积物也有所改善。在半公共场所，广泰小区的入户消毒空间主要是通过式，起到了居民的日常通行作用，但是没有进行防疫设计。从自然因素来看，广泰小区住宅楼的楼梯间通风品质明显提高，窗户由原来的混凝土镂空雕花窗改为推拉窗，而且其开窗面积比罗城头四号院和铁道大院都要大，楼梯间的采光和通风都能满足住户的需要（图4-12）。

（a）未设单元门（b）设有单元门　　　（c）车辆随意停放　　　　　　　　（d）通过型

图4-12　广泰小区单元公共空间现状

总体来说，广泰小区在单元公共空间方面较之之前建设的小区略有进步，但是针对该空间的防疫设计明显不足，在疫情之下，需满足居民由室外进入建筑内部的基本消杀、区分居民流线的需求，在防疫方面，还需进一步提升。

3. 住区室外空间

在广泰小区中，室外空间与入口结合布置形成公共活动场所，属于集中式室外空间类型，较之其余各案例都不相同，具有特殊性。

广泰小区室外空间如图4-13所示，在内部流线方面，该小区仅设有一个小区人车混行出入口，在居民上下班高峰及学生上下学时期较为拥堵，其余时间段基本可满足使用需求。小区内人车混行，不再赘述。该小区同样未设置单独的垃圾流线，垃圾流线

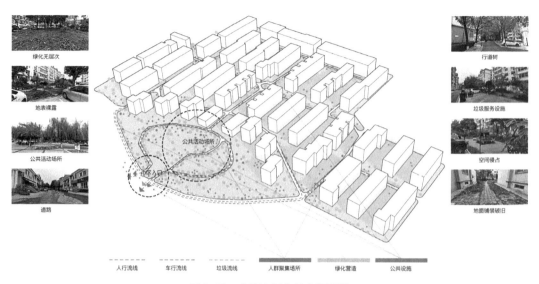

图4-13　广泰小区室外空间现状

与居民日常流线多有交叉，不利于居民防疫。就道路质量而言，车行道路质量较好，宅间人行道路质量较差。广泰小区车位比为1：1，车辆停放占用居民步行及休闲空间现象减少。在公共空间方面，小区设有中心绿化区域，为主要公共活动场所，为多数居民休闲之处。在该中心绿化区域，空间宽敞，可容纳休闲、娱乐、健身、观赏、交谈等多种功能，基本可满足居民需求。在宅间空间、道路交叉口等处空间的设计及利用较少，出现空间浪费现象。在公共设施方面，广泰小区缺少垃圾分类卫生设施。在休闲娱乐设施方面，广泰小区设置有儿童娱乐设施、健身器材设施等，全面覆盖人群，设施种类较为丰富，但缺乏防疫设计。在绿化环境营造方面，在中心绿化区域，植物配置得当，高大乔木、中层灌木及地被植物均有涉及，结合休闲娱乐设施营造出层次丰富的室外空间。在宅间绿地等空间，地被植物的设计被忽视且缺乏高大乔木，绿化层次感不强。

对于广泰小区而言，室外空间营造较为优秀。大型公共活动广场的规划与设计满足居民需求，且空间层次丰富。但部分空间被居民侵占，整体室外空间缺乏防疫设计，无法满足突发公共卫生事件下的居民使用需求。

4.2.4 光华苑北区

1. 单元户内空间

光华苑北区位于邯郸市复兴区，由箭岭路、前进大街、联纺西路和光华大街围合而成，共有多层住宅43栋，采用行列式布局。依据房屋中介对光华苑北区户型的统计，并结合网络补充调研，可以得出在户型方面，光华苑北区户型种类以三室两厅一卫为主，户内设置两卫占比较之广泰小区也有所上升，户内面积由75~139m²不等，其中两室两厅一卫约占22.01%，三室两厅一卫占58.37%，三室两厅两卫占14.83%，四室两厅两卫占4.78%（图4-14）。

在光华苑北区的住宅户型中，较为典型的是三室两厅一卫及三室两厅两卫的户型，多为竖向排布式户内空间类型，具体如下文所示（图4-15）。

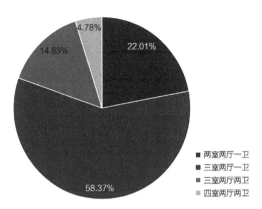

图4-14　光华苑北区不同户型占比情况

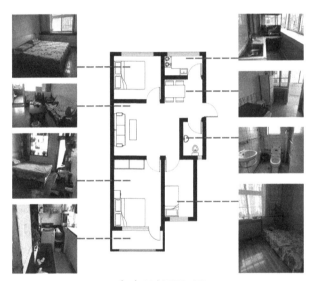

（a）三室两厅一卫

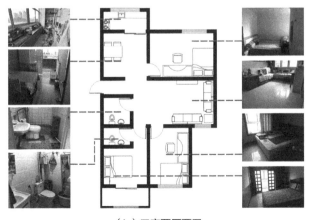

（b）三室两厅两卫

图4-15　光华苑北区典型户型分析

随着经济的发展，户内面积也逐渐在扩大，具体表现在户内各空间开始相对独立。在三室两厅一卫的空间中，玄关空间与餐厅界限不明，作为入口公共区域，界限不明确会导致病毒传播空间增加，不利于户内防疫。在半公共区域方面，起居室与餐厅分离，空间功能更加独立，户内娱乐、家务流线交叉问题得到缓解。在半私密区域方面，厨房空间较狭窄，仅方便单人使用，且功能安排不符合居民正常操作流程，在使用方面造成不便。在私密区域方面，卧室空间的增加缓解了居家设置隔离空间的压力；卫生间未进行干湿分离设计。在自然因素方面，户内通风与采光依然是值得提升和探讨的问题。综合来看，面积的扩大提升了居民居住的舒适度，对于户内空间的质量有所提升，但是在居家防疫方面仍然存在漏洞。

在三室两厅两卫的户型中，卫生间的使用和设置成为值得关注及研究的地方。在公共区域方面，玄关由餐厅和卫生间围合而成，较之上一户型玄关与餐厅之间设有隔墙，使得玄关空间形成相对围合的空间，对于突发公共卫生事件下的防疫是有很大助益的。在半公共区域方面，起居室和餐厅互相独立，且起居室设有独立开窗，较能满足疫情之下居民的需求。在半私密区域方面，厨房较狭长但开窗面积有所扩大，对户内通风质量的提升有所帮助。在私密区域方面，该户型设有两个卫生间，一处卫生间为公用，一处设置在主卧室里。首先，双卫的设计很好地保证了居民的隐私；其次，两处卫生间的设计在居民流线方面减缓了交叉。在突发公共卫生事件中，两卫为户内居家隔离提供了良好的环境：主卧配有卫生间，功能比较完整，主卧作为隔断区域，与一般住户的空间和流线区分开来，保证了住户的安全。从自然因素看，由于窗户的增加，户内的通风和采光都得到了提高，而厕所"黑房间"的问题却是一个值得注意和研究的问题。总体来说，三室两厅两卫更适宜居住在家中，两卫的设计特别适用于居住区的流线划分，但是在户内的采光和通风方面还有待改善。

2. 单元公共空间

光华苑北区建设于21世纪，是邯郸市安居工程住宅小区，在建筑设计和小区规划方面皆具有代表性，值得研究与分析。

光华苑北区在单元公共空间方面，住宅建筑均设有单元门，但门口随意停放车辆现象严重，占用入口空间；同时，入口空间设置信报箱、电表箱、公告栏等公共服务设施，增加了居民在此空间的停留时间，且无防疫设计。在入口空间方面，除却疫情防疫设计缺乏之外，同样缺少无障碍设计。在楼梯间空间方面，情况与广泰小区类似，部分空间存在居民堆放杂物的情形，不再赘述。在半公共区域方面，入户消毒区多为通过型，功能布置简单，防疫效果不佳。在自然因素方面，楼梯间开窗形式采用推拉窗，基本可以满足居民需求（图4-16）。

总体来说，车辆占用入口空间是因为小区内停车区域规划不足及不合理造成的，居民停车不便故入口空间被侵占；楼梯间出现杂物堆放也是如此，居民居家储物空间不

（a）设有单元门　　　　（b）车辆随意停放　　　　（c）信报箱　　　　　（d）公告栏

图4-16　光华苑北区单元公共空间现状

足，导致居民侵占公共空间，于突发公共卫生事件下的居民防疫不利。

3. 住区室外空间

在光华苑北区的整体室外环境设计中，以行列式布局所产生的宅间空地为主，属于分散式户内空间类型，在室外空间方面形式具有特殊性，具有研究价值。

光华苑北区室外空间如图4-17所示，在该小区的流线中，设置了一个人车混行的出入口，小区内整体采用人车混行的模式。垃圾回收设施靠近小区出入口，缩短小区垃圾流线，在不单独布置垃圾流线及出入口的情况下，减少了垃圾流线与居民人行及车行流线重合交叉。同时，存在车行道路及人行道路路面破损严重的问题，于居民日常生活不便。停车位数量不足，居民车辆停放占用小区道路，空间混乱。在公共空间方面，该小区设置公共活动场所面积狭小且质量较差，居民很少到此空间活动，故建筑之间空地成为居民主要休闲娱乐场所，但对于宅间空间的设计较少，故此类空间多为闲置。在此类空间中，管理的缺失使得空间中杂物乱放，成为居民私家用地，空间秩序混乱。在公

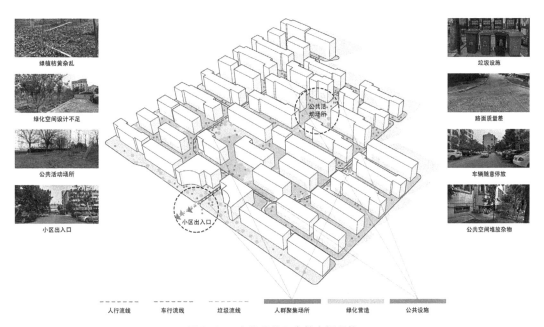

图4-17　光华苑北区室外空间现状

共设施方面，小区内设置多处垃圾分类卫生设施，但管理及居民意识不足导致垃圾分类落实并不到位。在休闲娱乐设施方面，公共活动场所空间的不足导致了此类设施的缺失，无法满足居民需求。在绿化环境营造方面，首先表现为绿化空间设计不足，景观营造多表现为在行道树的种植上，树种单一且层次感不足；其次表现在地被植物缺少，地面除却硬质铺装外多呈现地皮裸露状态，环境质量较差；最后表现在小区内存在较大面积的荒地，无人管理，造成公共空间的浪费且无法形成优质的室外环境供居民使用。

光华苑北区的建筑室外环境整体较差，缺乏公共活动空间、休闲娱乐设施且缺乏防疫设计，在突发公共卫生事件下，无法为居民营造优质的室外环境。

4.2.5　亚太世纪花园

1．单元户内空间

亚太世纪花园位于邯郸市丛台区，由联纺东路、滏东北大街、丛台北路和滏阳河围合而成，共有多层住宅58栋，采用行列式布局。依据房屋中介对亚太世纪花园户型的统计，并结合网络补充调研，可以得出在户型方面，亚太世纪花园户型种类以三室两厅一卫和三室两厅两卫为主，户内面积由79～195m²不等，其中两室两厅一卫约占4.76%，三室两厅一卫与三室两厅两卫各占42.86%，四室两厅两卫占9.52%（图4-18）。

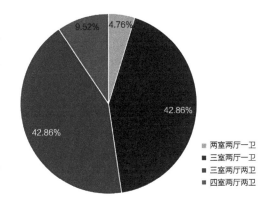

图4-18　亚太世纪花园不同户型占比情况

在亚太世纪花园小区中，较为典型的是三室两厅一卫和三室两厅两卫的户型，多为竖向排布式和横向排布式两种户内空间类型，四室户型在各小区中占比较少，故在本文中不作考虑（图4-19）。

三室两厅一卫的户型，面积约为88m²，户内空间主要包括起居室、厨房、餐厅、卧室和卫生间等。在公共区域方面，未设置门厅或玄关，入户门与起居空间直接相连，空间界限不明，易造成突发公共卫生事件下的交叉感染。在半公共区域方面，起居室不再依靠卧室空间采光通风，有利于户内空间的空气流通。在半私密区域方面，厨房空间比例略差，但设置有储物空间，方便居民使用。在私密空间方面，卫生间未设置开窗，干湿也未做到分离。在卧室空间方面，卧室空间功能较为完善，较符合疫情之下居民的使用要求。在自然因素方面，除却卫生间空间外，其余各空间都可独立通风采光，户内空气循环质量和采光得到提升，需注重卫生间的防疫，避免其成为突发公共卫生事件下户内防疫的漏洞。在该户型中，特点主要体现在起居空间方面。起居室采光与通风不再过

（a）三室两厅一卫

（b）三室两厅两卫

图4-19　亚太世纪花园典型户型分析

度依赖其他空间，于户内各空间舒适度的提升有所助益。

　　三室两厅两卫的户型，面积约为93m²。在该户型的公共区域方面，玄关与厨房和次卧围合形成较为独立的空间，但面积较小，功能不足。在半公共区域方面，起居空间与上一案例情况相似，不再赘述。在半私密区域方面，厨房比例设计不佳，但是户内设有服务阳台，在突发公共卫生事件下，可满足居民储物需求，但服务阳台与餐厅临近设置，不方便居民使用，且造成户内流线交叉。在私密空间方面，两卫的布置满足居民需求，且卫生间都进行了简单的干湿分离，利于户内防疫。卧室空间功能复合性较差，造成空间浪费。总体而言，三室两厅两卫的户型比较符合居民使用需求，在疫情防控、居家隔离空间布置等方面都较为便利，但空间整体功能复合性较低，户内功能流线存在交叉问题，需进行改进设计。

2. 单元公共空间

亚太世纪花园小区建设较晚，且为国家小康住宅示范区，其自然条件得天独厚，在建筑设计方面，具有独特性和代表性。

亚太世纪花园在单元公共空间方面，入口处设置单元门，但单元入口无障碍设计不足，车辆随意停放，无法满足居民需求。在楼梯空间内，堆放杂物的情况较为少见，楼梯间的开窗及整体环境与居民需求较为符合。在半公共区域方面，亚太世纪花园的入户消毒区多为玄关型，玄关型的入户消毒区，可进行简单的防疫消毒布置，但经调研，居民多不重视该区域的防疫功能，造成了空间的浪费。在自然因素方面，楼梯空间环境因开窗面积的扩大通风有所改善，基本可满足居民需求（图4-20）。

（a）车辆随意停放   （b）玄关型

图4-20　亚太世纪花园单元公共空间现状

亚太世纪花园在单元公共空间方面较之所选案例都有所提升，居民使用舒适度有所改善，但整体缺乏防疫设计，无法保障居民在突发公共卫生事件下的安全。

3. 住区室外空间

亚太世纪花园在小区中心区域布置绿化景观广场，其住宅建筑室外空间营造在邯郸市具有代表性。

亚太世纪花园的室外空间如图4-21所示，在内部流线方面，小区设有南北两个小区出入口，其中南侧入口为人车混行入口，北侧为人行入口，未设置单独的垃圾出入口。垃圾回收设施沿道路设置，方便居民的使用，但延长了垃圾运输的线路，不利于防疫的布控，且易造成垃圾的二次污染。小区内车行道路采用沥青铺面，人行道路采用透水砖，整体道路质量较好。在小区内，车辆多沿道路停放，车行道路空间受到压缩，小区内车行流线的顺畅度受到影响。在公共空间方面，亚太世纪花园中央设置绿地空间，成为居民休闲娱乐的主要场所。在该空间内，布置有大面积广场空间，广场中设有景观小景，沿广场边界设有休闲座椅，基本可满足居民需求；绿地空间内设置健身步道，与景观营造相结合，可满足居民健身锻炼的需求。在公共设施方面，小区内垃圾卫生设施依居民需求设置，同时设有垃圾分类设施。在休闲娱乐设施方面，小区内设有儿童娱乐设施及居民健身设施，设施种类丰富，可全面覆盖居民需求。在绿化环境营造方面，大面积绿化空间内的高中低植物配置得当，树种多样，形成层次丰富的绿化景观，并结合

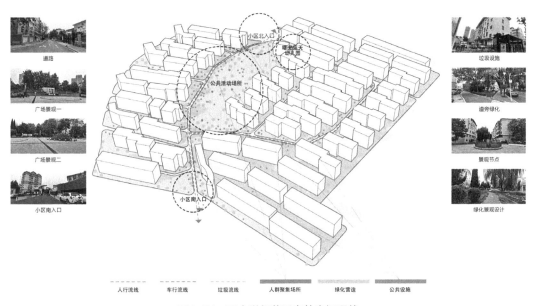

图4-21　亚太世纪花园室外空间现状

健身步道，营造移步易景的效果；在小面积的绿化空间内，设置景观小品，丰富空旷空间，形成景观节点，增加空间辨识度与趣味性。

亚太世纪花园的建筑室外环境整体质量较好，绿化空间的布置满足居民在疫情下对于室外空间的需求，但问题存在于整体空间缺乏防疫设计，在突发公共卫生事件下，室外空间的利用率较低，应进行防疫应急设计，在多方面因素下，共同为居民提供优质的室外环境。

4.3　问卷调查与数据分析

1. 单元户内空间

除却对多层住宅建筑进行基本情况的拍照测绘、记录现状等实地调研外，还对多层住宅建筑中的居民进行李克特量表问卷调研，运用李克特量表对部分问题进行数字可视化计算，科学得出居民对户内防疫评价的分布情况，并对问卷调研结果进行序次回归，分析在突发公共卫生事件下，不同户内空间区域对户内防疫影响程度的差异区别。对所选多层住宅建筑小区进行问卷调查，每个小区各发放问卷50份，五个小区共发放调研问卷250份，剔除填写不完整及无效问卷，罗城头四号院收回有效问卷48份，铁路大院收回有效问卷43份，广泰小区收回有效问卷46份，光华苑北区收回有效问卷42份，亚太世纪花园小区收回有效问卷48份，共收回有效问卷227份，问卷有效率为90.08%。

　　对五个多层住宅建筑小区进行问卷调研，涉及户内空间因素与突发公共卫生事件下居民防疫评价之间的关系问题。各因素评价结果统计如图4-22所示。

　　由调研问卷分析可知，在罗城头四号院的评价中，居民对于单元户内空间因素满意度排序由低到高依次为厨房空间、自然采光、玄关空间、卫生间空间、自然通风、起居空间和卧室空间。在铁路大院的评价中，居民对于单元户内空间因素满意度排序由低到高依次为卫生间空间、厨房空间、自然采光、玄关空间、自然通风、卧室空间和起居空间。在广泰小区的评价中，居民对于单元户内空间因素满意度排序由低到高依次为卧室空间、自然通风、起居空间、自然采光、卫生间空间、玄关空间和厨房空间。在光华苑北区的调研中，居民对于单元户内空间因素满意度排序由低到高依次为卫生间空间、自然采光、玄关空间、卧室空间、自然通风、起居空间和厨房空间。在亚太世纪花园的调

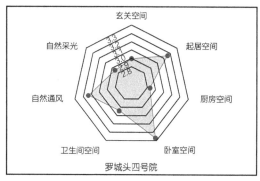
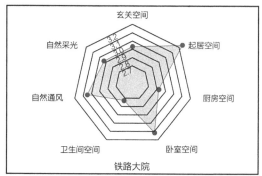
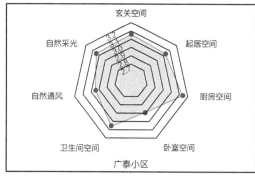
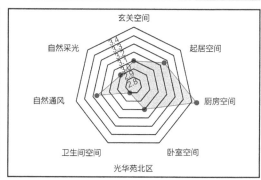
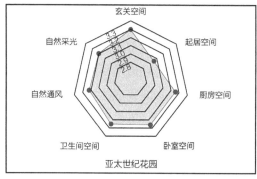
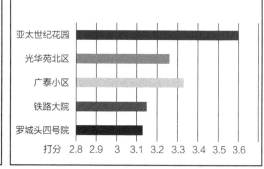

图4-22　单元户内空间案例横向对比分析

研中，居民对于单元户内空间因素满意度排序由低到高依次为起居空间、自然采光、自然通风、卫生间空间、卧室空间、厨房空间和玄关空间。在对户内空间整体评价中，亚太世纪花园满意度最高，罗城头四号院满意度最低。

通过对不同类型的案例进行户内空间因子评估，结果表明，在2000年以前建成的多层住宅中，住户对厨房空间、卫生间空间、自然采光、玄关空间四个维度的评价都不高；2000年以后新建的多层住宅，住户对自然采光、居住空间、自然通风、厕所空间四个指标的评价都不高。究其原因，是邯郸市主城区在起步和发展阶段建设的多层住房，主要是为了满足居民的基本需求，而对居住满意度的重视程度较低，因此厨房、卫生间等空间的压缩比较大，在突发公共卫生事件时，该类空间更显不足。21世纪以来，建筑设计越来越强调以人为本，建设住宅建筑的目的不仅仅是为了满足居民的基本生活需要，同时也更重视居住环境的舒适性，户内的各个空间都得到了改善和提升，但是卫生间依然有"黑房间"的问题，在发生突发公共卫生事件时，会影响到居民居家的采光、通风和其他空间的品质。

使用SPSS 20对居民针对户内空间因素的评价进行序次回归，对户内空间因素与居民居家防疫评价进行分析，结果如表4-2所示。

户内空间因素序次回归 表4-2

							95% 置信区间	
参数估计值								
		估计	标准误差	*Wald*	*df*	显著性（*p*）	下限	上限
阈值	[户内空间总体评价= 1.00]	-1.834	1.414	1.682	1	0.195	-4.606	0.938
	[户内空间总体评价= 2.00]	2.475	1.029	5.787	1	0.016	0.459	4.491
	[户内空间总体评价= 3.00]	4.028	1.051	14.695	1	0.000	1.968	6.087
	[户内空间总体评价= 4.00]	5.801	1.085	28.585	1	0.000	3.674	7.928
位置	玄关空间	0.327	0.139	5.563	1	0.018	0.055	0.599
	起居空间	0.016	0.130	0.016	1	0.899	-0.238	0.271
	厨房空间	0.279	0.126	4.926	1	0.026	0.033	0.525
	卧室空间	0.120	0.129	0.865	1	0.352	-0.133	0.373
	卫生间空间	0.267	0.129	4.300	1	0.038	0.015	0.518
	自然通风	0.178	0.129	1.920	1	0.166	-0.074	0.431
	自然采光	0.042	0.127	0.108	1	0.742	-0.207	0.290

联结函数：Logit.

依据序次回归结果可以得出，户内空间各因素与居民评价均为正相关关系，即在突发公共卫生事件下，户内各空间因素质量越高，居民对于居家防疫评价就越高。在各项因素与整体户内防疫评价的显著性分析方面，分析结果显示玄关空间$p=0.018$、厨房空间$p=0.026$、卫生间空间$p=0.038$，此三类空间p值均小于0.05，表明对户内防疫评价影响较为显著，在户内空间的改造策略中需着重注意此三类空间。

2. 单元公共空间

关于单元公共空间因素与突发公共卫生事件下居民防疫评价的关系问题，对所选五个多层住宅小区的调研问卷进行分析，各因素评价结果如图4-23所示。

通过分析调研问卷可以得出，在罗城头四号院的评价中，居民对单元公共空间因素的满意度排序由低到高依次为自然因素、楼梯空间、单元入口空间和入户消毒空间。在

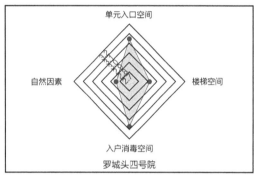
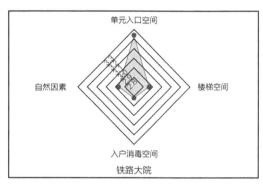
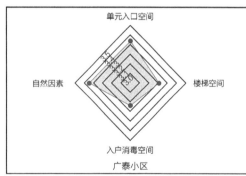
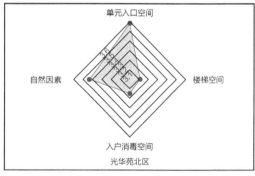
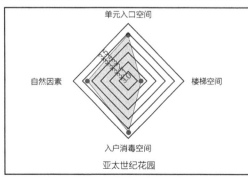
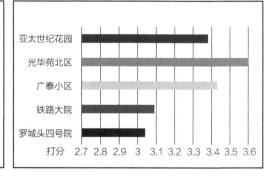

图4-23　单元公共空间案例横向对比分析

铁路大院的评价中，居民对于单元公共空间因素满意度排序由低到高依次为入户消毒空间、楼梯空间、自然因素和单元入口空间。在广泰小区的评价中，居民对于单元公共空间因素满意度排序由低到高依次为入户消毒空间、楼梯空间、单元入口空间和自然因素。在光华苑北区的调研中，居民对于单元公共空间因素满意度排序由低到高依次为楼梯空间、入户消毒区、自然因素和单元入口空间。在亚太世纪花园的调研中，居民对于单元公共空间因素满意度排序由低到高依次为楼梯空间、自然因素、单元入口空间和入户消毒空间。在对单元公共空间的整体评价中，光华苑北区满意度最高，罗城头四号院满意度最低。

　　基于突发公共卫生事件，对比居民在所选案例单元公共空间因素方面的评价，可以发现居民普遍对于楼梯空间和单元入口空间的满意度较差。同时发现在2000年之前建设的多层住宅建筑中，居民对于单元公共空间中的自然因素评价较低，这主要是由于开窗形式影响了该空间的空气循环；2000年以后，开窗形式的改变，使得单元公共空间的通风得到了改善，但对亚太世纪花园的调查显示，住户对自然因素的满意度最低，因为这个小区的楼梯间开窗虽为推拉窗，但一梯三户、四户的布局，并不能完全满足住户的需要，很容易在疫情期间发生污染，对居民的健康和防疫都是不利的。

　　使用SPSS 20对居民针对单元公共空间因素的评价进行序次回归，对单元公共空间因素与居民居家防疫评价进行分析，结果如表4-3所示。

单元公共空间因素序次回归　　　　　　　　　　　　　　　表4-3

		参数估计值						
		估计	标准误差	Wald	df	显著性(p)	95%置信区间	
							下限	上限
阈值	[单元公共空间总体评价= 1]	-1.493	1.277	1.366	1	0.243	-3.996	1.011
	[单元公共空间总体评价= 2]	2.704	0.853	10.044	1	0.002	1.032	4.376
	[单元公共空间总体评价= 3]	4.621	0.889	27.022	1	0.000	2.878	6.363
	[单元公共空间总体评价= 4]	6.404	0.937	46.739	1	0.000	4.568	8.240
位置	单元入口空间	0.699	0.137	26.099	1	0.000	0.431	0.968
	楼梯空间	0.051	0.130	0.155	1	0.693	-0.203	0.305
	入户消毒空间	0.459	0.143	10.299	1	0.001	0.179	0.739
	自然因素	0.057	0.125	0.211	1	0.646	-0.187	0.301

联结函数：Logit.

　　由序次回归结果可以得出，单元公共空间各因素与居民评价均为正相关关系，即在突发公共卫生事件下，单元公共空间各因素质量越高，居民对于居家防疫评价越高。在各项因素与整体户内防疫评价的显著性分析方面，发现单元入口空间p=0.000、入户消毒空间*p*=0.001，此二类空间*p*值均小于0.05，表示对单元公共空间防疫评价影响较为显著，故需在单元公共空间的改造策略中应关注此二类空间。

3．住区室外空间

关于多层住宅建筑室外空间因素与突发公共卫生事件下居民防疫评价的关系问题，对所选五个多层住宅小区的调研问卷进行分析，各因素评价结果如图4-24所示。

通过分析调研问卷可以得出，在罗城头四号院的评价中，居民对室外空间因素的满意度由低到高依次为公共设施、绿化环境营造、内部流线和公共空间。在铁路大院的评价中，居民对于室外空间因素的满意度排序由低到高依次为内部流线、公共设施、公共空间和绿化环境营造。在广泰小区的评价中，居民对于室外空间因素满意度的排序由低

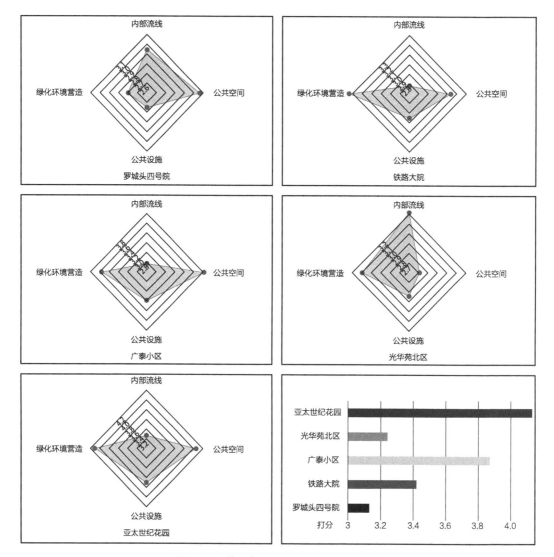

图4-24　住区室外空间案例横向对比分析

到高依次为内部流线、公共设施、绿化环境营造和公共空间。在光华苑北区的调研中，居民对于室外空间因素满意度的排序由低到高依次为公共空间、公共设施、绿化环境营造和内部流线。在亚太世纪花园的调研中，居民对于室外空间因素满意度的排序由低到高依次为内部流线、公共设施、公共空间和绿化环境营造。在对室外空间的整体评价中，亚太世纪花园满意度最高，罗城头四号院满意度最低。

基于突发公共卫生事件，对比所选案例在室外空间因素方面的评价，可以发现居民对于室外空间的评价可以概括为两种情况：第一种情况为小区内部缺少公共空间或公共空间面积较小，居民普遍对公共空间及绿化环境营造的评价较低；第二种情况为小区内部设有公共空间且基本满足居民的需求，居民普遍对小区内部流线及公共设施的满意度评价较低。

使用SPSS 20对居民针对室外空间因素的评价进行序次回归，对室外空间因素与居民居家防疫评价进行分析，结果如表4-4所示。

室外空间因素序次回归　　　　　　　　表4-4

		参数估计值						
		估计	标准误差	Wald	df	显著性（p）	95% 置信区间	
							下限	上限
阈值	［室外空间整体评价= 1.00］	-1.348	0.821	2.693	1	0.101	-2.958	0.262
	［室外空间整体评价= 2.00］	0.889	0.688	1.672	1	0.196	-0.459	2.237
	［室外空间整体评价= 3.00］	2.688	0.703	14.611	1	0.000	1.310	4.066
	［室外空间整体评价= 4.00］	4.281	0.737	33.704	1	0.000	2.836	5.726
位置	内部流线	0.268	0.128	4.389	1	0.036	0.017	0.519
	公共空间	0.340	0.123	7.612	1	0.006	0.098	0.582
	公共设施	0.118	0.108	1.195	1	0.274	-0.094	0.331
	绿化环境营造	0.108	0.116	0.869	1	0.351	-0.119	0.334

联结函数：Logit.

分析序次回归结果可以得出，室外空间各因素与居民评价均为正相关关系，即在突发公共卫生事件下，室外空间各因素质量越高，居民对于居家防疫评价越高。在各项因素与居民整体防疫评价的显著性分析方面，发现公共空间$p=0.006$、内部流线$p=0.036$，此二类空间p值均小于0.05，表明对室外空间防疫评价影响较为显著，应在后续的室外空间防疫应急设计优化策略中关注此二类因素。

4.4 现状问题总结

1. 单元户内空间

依据实地调研及问卷调查，概括邯郸市主城区多层住宅建筑户内空间基本现状，具体情况如表4-5所示。

邯郸市主城区户内调查问题综述   表4-5

		罗城头四号院	铁路大院	广泰小区	光华苑北区	亚太世纪花园
公共区域	玄关空间	部分未设置玄关空间；部分空间狭小，功能不足	功能不足，不满足居民需求	面积扩大，但缺乏防疫应急设计	部分边界不明；部分功能不足	部分边界不明；部分功能不足
半公共区域	起居空间	部分居寝合一，且承担就餐功能；部分空间独立，但功能不足	空间较为独立	面积较小，空间功能复合性差	与餐厅空间分隔，基本满足居民需求	基本可满足需求
半私密空间	厨房空间	面积狭小，流线混乱，储物不足	空间比例狭长，设计不符合人体工学	比例不佳，储物空间不足	空间较为狭窄，但开窗面积有所扩大	设有储物空间
私密空间	卧室空间	部分居寝合一、流线交叉；部分面积局促，功能混乱	基本可满足需求	面积扩大，增加学习功能	基本可满足需求	基本可满足需求
	洗手间空间	多为"黑房间"，面积狭小，无干湿分离	部分为"黑房间"；部分面积狭小，无干湿分离	部分干湿分离；部分面积狭小，未干湿分离	部分设置两卫，多数未干湿分离	部分为"黑房间"；部分未干湿分离
自然因素	自然通风	空气循环不足	通风质量较差	卫生间通风质量差	卫生间通风质量差	卫生间通风质量差
	自然采光	采光质量较差	采光质量较差	卫生间采光质量差	卫生间采光质量差	卫生间采光质量差

通过对所选案例调研分析发现，在突发公共卫生事件下，单元户内空间存在的问题可总结为功能空间互相嵌套、户内流线不合理且交叉、各空间面积比例失衡、功能空间灵活性不足四方面。

在功能空间互相嵌套方面，早期建设的多层住宅建筑户内空间存在互相嵌套的功能，即到达某一空间必须经过另一空间，导致各功能空间使用独立性较差，且户内流线交叉，据调研，户内空间嵌套类型多为卧室与阳台嵌套，对于卧室空间的私密性影响较大。

在户内流线不合理及交叉方面，户内流线可划分为家务流线、家人流线和访客流线，三条线不可交叉，流线交叉导致户内功能区域混乱，造成空间浪费，影响居民居家防疫的进行。所调研的户内功能布局，多出现各类流线不合理与互相交叉的现象。流线设计不合理现象主要表现在家务流线上，在厨房空间中，流线应包括储存、清洗、料理等环节，但厨房设计并未遵循此流线，出现储物空间设置不合理，灶台、水槽布置不符合居民操作顺序，出现流线不合理且迂回现象，同时增加家务时长。在流线交叉方面，部分起居空间与卧室空间重叠，导致家人流线与客人流线交叉，不利于户内防疫。

在不同区域之间的比例不平衡中，由于突发的公共卫生事件，户内空间的面积与居民的需要之间存在着一定的错位。根据对邯郸市主城区多层住宅楼的调查，发现处于发展初期的多层住宅，多为大卧室、小厨卫，其空间分布与居民需求之间存在着严重的不平衡。随着时间的推移，以及突发公共卫生事件的影响，人们对玄关、储物空间的需求也越来越大，所以在居家防疫时，人们只能将这些空间纳入起居、卧室、阳台等空间，造成了户内空间的混乱，给人带来了极大的不便。

在功能空间灵活性方面，邯郸市主城区早期建设的多层住宅建筑一般为砖混结构，户内承重墙较多，布局改变具有局限性。早期户内规划仅建立在满足居民使用的基础上，但是随着时代的变迁和居民需求的转变，户内功能灵活性差造成居民需求无法满足、户内空间杂乱或闲置，不利于居民防疫时的居家体验与身心健康。

2. 单元公共空间

依据实地调研及问卷调查，概括邯郸市主城区多层住宅建筑单元公共空间基本现状，具体情况如表4-6所示。

通过对所选案例调研分析发现，在突发公共卫生事件下，单元公共空间存在的问题可总结为交通组织与停车混乱、私占单元公共空间、空间使用短缺且单一三方面问题。

邯郸市主城区单元公共空间调查问题综述　　　　表4-6

		罗城头四号院	铁路大院	广泰小区	光华苑北区	亚太世纪花园
公共区域	单元入口空间	空间开敞，未设置单元门；无公共服务设施；该空间随意停放车辆	空间开敞，未设置单元门；设有公共服务设施，无防疫设计	部分设置单元门；设有公共服务设施，无防疫设计	均设有单元门；该空间随意停放车辆；设有公共服务设施，无防疫设计	均设有单元门；该空间随意停放车辆；无障碍设计不足且无防疫设计
	楼梯空间	空间狭小且存在杂物堆放现象，压缩交通空间	杂物堆放现象减少	基本可满足需求	基本可满足需求	基本可满足需求
半公共区域	入户消毒空间	通过型入户消毒区，无防疫设计，仅有交通功能	交通枢纽型入户消毒空间，面积狭小，无防疫设计	通过型入户消毒空间，无防疫设计，仅有交通功能	通过型入户消毒空间，功能布置简单	玄关型入户消毒空间，防疫设计不足
自然因素	自然通风	使用混凝土镂空雕花窗，通风质量差	使用混凝土镂空雕花窗，通风质量差	开窗形式改变，基本可满足需求	基本可满足需求	楼梯间通风质量较差

在交通组织与停车混乱方面，由于小区内部空间缺乏整体交通规划且缺乏停车空间，单元入口区域便成为居民停放自行车、电动车等小型车辆的区域，但该空间未经设计，居民随意停放车辆，造成居民交通出行不便，且易造成居民在疫情下的交叉感染。

在私占单元公共空间方面，在单元公共空间、在入口处，居民长占用空间存放诸如自行车等小型车辆，在楼梯空间的转向平台处，居民长堆放杂物挤压交通空间。私占公共空间使原本拮据的交通空间更加紧张，且杂物的堆放不利于彻底消杀，形成防疫漏洞。

在空间使用的缺乏且单一方面，多层住宅建筑单元的公共空间面积偏小，只起到组织居民的交通作用，后期增设的公共服务设施，功能复杂，但空间多被居民堆放杂物占用，致使居民可正常使用空间面积不足。同时，由于进入空间没有组织，空间利用太过单一，小区门口的硬性或少量的绿地被住户作为停车场所，导致了空间功能和需求的错位。

3. 住区室外空间

依据实地调研及问卷调查，概括邯郸市主城区多层住宅建筑室外空间基本现状，具体情况如表4-7所示。

邯郸市主城区室外空间调查情况综述 表4-7

		罗城头四号院	铁路大院	广泰小区	光华苑北区	亚太世纪花园
内部流线	流线交叉	设有两个出入口，人行、车行、垃圾流线交叉	设有两个出入口，人行、车行、垃圾流线交叉	设有一个出入口，人行、车行、垃圾流线交叉	设有一个出入口，人行、车行、垃圾流线交叉	设有两个出入口，人行、车行、垃圾流线交叉
	道路质量	道路可达性局部较差，路面质量较好	道路可达性较好，路面质量较好	道路可达性较好，路面质量较差	道路可达性较好，路面质量差	道路可达性整体良好，路面质量较好
公共空间	空间质量	空间面积较小且缺少设计、结构单一，整体质量差	空间规模扩大，整体质量较好	空间开敞，功能较为丰富，整体质量较好	缺少公共空间	空间功能全面、类型丰富，整体质量良好
	功能布局	功能简单，布局呆板	功能丰富，布局层次感丰富	功能丰富，布局层次感丰富	功能不足	功能丰富，布局层次感丰富
公共设施	卫生防疫设施	设置垃圾分类设施，管理落实不足	缺少垃圾分类设施	缺少垃圾分类设施	设置有垃圾分类设施，但管理落实不足	设置垃圾分类设施，但管理落实不足
	休闲娱乐设施	设施破旧，居民覆盖面不足	设施种类单一，居民覆盖面不足	设施种类丰富，居民覆盖全面	缺少休闲娱乐设施，无法满足居民需求	设施种类丰富，居民覆盖全面
绿化环境营造	绿化环境质量	缺少地被绿化，绿化层次感不足	缺少地被绿化，绿化层次感不足	部分空间植物层次感不足	整体绿化缺少设计，缺少地被绿化，绿化层次感不足	植物配置得当，绿化层次丰富
	空间形态	空间形态较单一	空间形态较丰富	空间形态较丰富	空间形态较单一	空间形态变化丰富

通过对所选案例调研分析发现，在突发公共卫生事件下，住区室外空间存在的问题可总结为流线交叉混乱、私人空间与公共空间冲突、空间设施错配与受限制、室外空间吸引力不足四方面。

在流线交叉混乱方面，多层住宅小区呈现人行与车行混行的状况，早期建设的多层住宅路路幅较窄，后期建设的多层住宅路路幅拓宽，居民出行质量得到改善。但是在突发公共卫生事件下，垃圾流线与居民日常流线交叉易形成防疫漏洞，无法保障居民安全。

在私人空间与公共空间冲突方面，多层住宅底层住宅空间向外延伸侵占室外公共空间，且将公共空间占为私人空间晾晒衣物、种植蔬菜花草等。该种现象使得公共空间遭到压缩的同时还扰乱了公共空间秩序，使空间混乱；还影响小区内的交通可达性，使完整空间被迫分割，支离破碎，降低了小区内公共空间的环境品质。

在空间设施错配与受限制方面，公共设施的设置与居民需求不相符合，出现设施的闲置与不足。例如，设置休闲座椅的区域无人问津，但适宜交流的空间人群聚集却缺少配套设施的布置，这种设施的错配性使空间设计及设施布置的价值降低。同时，对于公共设施的设计和实际使用方面，也存在错配性，如健身设施被居民用作休息设施或用来晾晒被褥，儿童利用空闲设施作为娱乐探险场所。单元入口、道路交叉口、公共活动场所边缘等空间，应为居民日常交谈、休闲的活动场所，但由于公共设施布置不灵活，限制了居民的便利使用程度，因此居民多使用自家工具作为设施，以提高舒适度。在日常使用上，一些地方存在着设备配置过于密集、居民使用时间太长、公共卫生事件突发时交叉感染的可能性。

在室外空间吸引力不足方面，首先，小区内绿化环境多缺乏设计，无法提供丰富的室外景观，只有少部分居民会在此空间进行活动，多数居民选择城市活动空间或小区外部空间；其次，室外空间功能不完善，趣味性不足，于年轻代群体来说，空间单调且设施缺乏，于中间代群体来说，无法满足其放松休闲的需求，于老年代群体来说，室外空间布置较为空旷，使用体验感较差；最后，空间可进入性较低，绿化空间的布置多为大面积设置，仅承担绿化功能，于使用方面，但居民可进入、可互动性都较低，不利于营造优质的室外空间。

4.5 本章小结

本章就针对邯郸市主城区多层住宅所进行的典型调查，从地理位置、建设年代等方面进行了分析和讨论。在实地考察的基础上，对多层住宅的单元户内空间、单元公共空间、住区室外空间的现状进行调查，采用调查问卷、现场访谈等方法，了解居民对各个空间要素的满意度，并利用问卷对各个要素与总体的关联度进行排序。通过对公共卫生事件的调查，归纳出单元户内空间主要存在功能空间相互嵌套、户内流线不合理且交叉、各空间面积比例失衡、功能空间灵活性不足四方面问题，单元公共空间主要存在交通组织与停车混乱、私占单元公共空间、空间使用短缺且单一三方面问题，住区室外空间主要存在流线交叉混乱、私人空间与公共空间冲突、空间设施错配与受限制、室外空间吸引力不足四方面问题，为下一章的改进设计提供方向。

第 5 章
邯郸市高层住宅建筑防疫应急设计现状及分析

5.1 调研对象选取原则

5.2 高层住宅案例分析

5.3 问卷调查与数据分析

5.4 现状问题总结

5.5 本章小结

5.1 调研对象选取原则

为了能够更加直观地了解邯郸市主城区高层住宅的现状，需要对邯郸市主城区的高层住宅进行典型案例的筛选。笔者在查阅、搜集大量资料及征询多方专家意见的基础上确定了被调研小区的选取标准，详见附录2。在邯郸市，挑选了数个具有代表性的高层住宅展开了实地调查。通过拍照、实地采访以及搜集资料等方法，调查研究了这些小区的规划，分析其建筑单元设计，由此得到与作深入研究有关的信息。案例选取标准为：

（1）就区域覆盖而言，力求做到更加全面，笔者挑选的小区涉及邯郸市的三个区：其一为丛台区，其二为邯山区，其三为复兴区。

（2）在建造年代完整性方面，邯郸市高层住宅发展历程中，选取三个阶段中的不同类型住宅。

（3）在高层住宅小区规模方面，尽量选择用地面积广泛、容积率较高、楼栋数及户型种类较多的高层住宅进行研究。

（4）在人口结构多样性方面，选取与邯郸市整体平均人口结构相近的住宅小区进行调查研究。

选取结果：通过收集众多材料，并进行走访调查，对有关文献进行整理，听取了有关专家的建议，在邯郸市挑选了六个住宅小区，分别是：①建造于1999年的丛台区的塔式高层住宅小区欣甸佳园；②建造于2015年的丛台区的板式高层住宅小区恒大名都；③建造于2014年的丛台区的板塔结合高层住宅小区安居东城；④建造于2016年的邯山区的板式高层住宅小区赵都新城绿和园；⑤建造于2015年的复兴区的板式高层住宅小区锦绣江南；⑥建造于2006年的丛台区的塔式高层住宅小区家和小区B区。

5.2 高层住宅案例分析

5.2.1 欣甸佳园

1. 基本情况

欣甸佳园小区位于邯郸市主城区丛台区丛台路与滏东大街交叉口，北接亚太世纪花园，南邻美丽的龙湖公园，小区最早的十栋多层住宅呈现行列式布局。该区域南部为生产区，北部为居住区，其中12栋楼为居民点，共计596个住户。其中，建于1999年的11、12号楼为19层的塔式高层住宅，也是邯郸市最早的两栋高层住宅（图5-1、图5-2）。

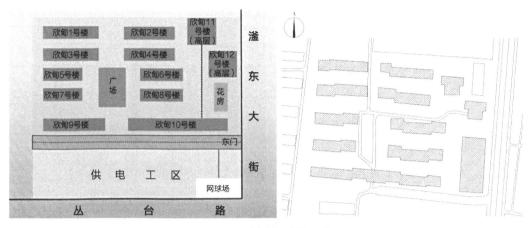

图5-1　欣旬佳园总平面图

图5-2　欣旬佳园调研图片

2. 现状调研及分析

欣旬佳园属于邯郸欣旬社区,起初建造用来作为邯郸市电力局的家属院。小区中的两栋高层住宅是邯郸市最早的两栋塔式高层住宅,两栋高层住宅在平面形式上是一致的,均是两梯四户的塔式住宅形式(图5-2)。

笔者在调研中发现,欣旬佳园属于多层与高层结合的小区,并且是老旧住宅小区。其中,大多数居住者为年龄较高的老年人,小区虽设有门卫岗,但并未设置温度检测闸口。调研是于2021年11—12月进行的,此间小区的防疫意识并不是很强,住宅进出较为容易。高层住宅底层单元入户门厅大门敞开,单元入户大门较窄,内部光线昏暗,且未发现防疫设施,电梯内部没有空气净化或者排风设备,楼层及楼道杂物堆放严重(图5-3)。

（a）东门入口

（b）两栋高层住宅

（c）底层单元入户门厅

（d）首层电梯候梯厅

（e）电梯内部

（f）标准层电梯候梯厅

（g）入户公共走道

（h）小区中央广场

图5-3 邯郸市高层住宅小区欣甸佳园现状调研图片

5.2.2 恒大名都

1．基本情况

恒大名都位于邯郸市主城区丛台区滏东大街与北仓路交口东南角。项目建于2015年，建筑面积78万m²，占地面积310余亩，车位信息1：1.2，一期用户共1064户，总户数2494户，容积率为3.03，绿化率为35%。

该小区由油漆厂路分成南北两部分，南院占地面积较小，共有5幢高层建筑，其中住宅建筑以安置回迁户为主，而北院建筑多为大型商品房，共计16幢。社区内拥有众多健身、休闲、商务配套设施，并拥有恒大双语幼儿园、恒大国际小学等配套设施（图5-4）。

2．现状调研及分析

邯郸市恒大名都小区属于比较新的高层住宅小区，调研期间，小区南苑只开放了南门供住户进出。小区设施较为完备，健身、娱乐、医疗设施较为完善，住宅的底层入户单元门口使用的是最为常见的密码解锁方式，需要人为开启入户单元大门。住户的信报箱与底层入户空间分离。进入底层单元入户空间后，是一个约为20m²的过渡空间，通过廊道便到达首层电梯候梯厅，电梯内部同样未发现防疫的应急措施（图5-5）。本次调研的是恒大名都5号住宅楼，为两梯四户的结构形式（图5-6）。

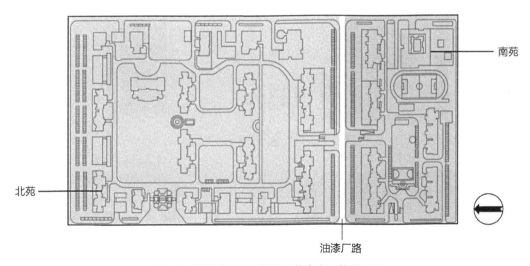

图5-4　邯郸市恒大名都高层住宅小区总平面图

（a）小区东门入口

（b）小区南门出入口

（c）底层入户单元的信报箱

（d）底层单元入口空间

（e）单元入户门

（f）入户公共走道

（g）电梯内部

（h）标准层电梯候梯厅

图5-5 邯郸市高层住宅小区恒大名都现状图片

（i）小区内部娱乐设施　　　　　　　　　（j）小区内部健身设施

图5-5　邯郸市高层住宅小区恒大名都现状图片（续）

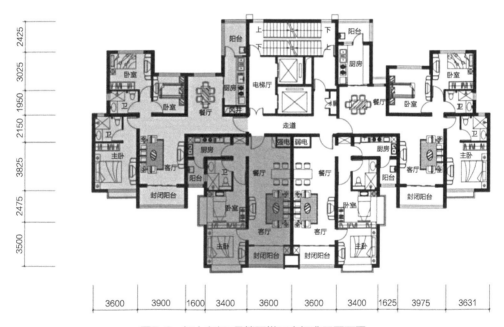

图5-6　恒大名都5号楼两梯四户标准层平面图

5.2.3　安居东城

1. 基本情况

安居东城项目位于邯郸市主城区丛台区联纺路与滏东大街交叉口东南角，占地面积约35万m²，总建筑面积约150万m²，毗邻邯郸龙湖公园。项目总占地576亩，其中净用地388亩，项目规划建设住宅楼49栋。

2. 现状调研及分析

安居东城小区占地面积较大，单元住宅楼体量大，建设较为豪华。小区内部景观优美，绿化率较高，建有人工湖和各类建筑景观小品。对于单元住宅楼的设计，单元楼底层入口处存在较多非机动车停放，导致交通较为拥堵。公共垃圾箱摆放较为合理，离入口空间近且对垃圾进行了分类处理。底层入户门厅空间较为宽敞，层高较高。但是公共走道的层高较矮，给人一种压抑的感觉。电梯候梯厅面积比较小，楼梯通风、采光不佳。电梯内部未设置防疫措施与通风设备，人员密集，空气环境较差（图5-7）。

（a）小区建筑单体

（b）住宅底层入口处

（c）单元楼底层入口处

（d）入口门厅

（e）底层单元入口信报区

（f）入户公共走道

图5-7　邯郸市高层住宅小区安居东城现状图片

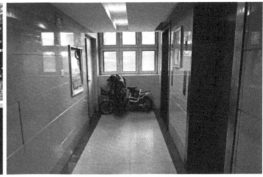

（g）电梯内部　　　　　　　　　　　　（h）标准层电梯候梯厅

（i）入户公共走道　　　　　　　　　　　（j）小区内部环境

图5-7　邯郸市高层住宅小区安居东城现状图片（续）

5.2.4　赵都新城绿和园

1. 基本情况

赵都新城位于邯郸市主城区邯山区，其中绿和园位于水城路246号。项目占地约40万m²，可提供2000个停车泊位。赵都新城工程占地1300多亩，绿地约占35%，建筑面积超过300万m²。共116栋高层楼，户型大小为80~240m²。

2. 现状调研及分析

赵都新城绿和园小区面积不大，小区出入口设置防疫关卡，单元楼入口处放置公共垃圾箱并进行垃圾处理，底层入口门厅不够宽敞，采光较为良好。电梯内部同样未设置防疫设施及通风设备，住宅楼道狭窄、昏暗，公共走道较为狭窄闭塞且通风状况不佳（图5-8）。

（a）小区南大门入口

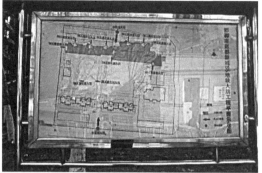

（b）小区总平面示意图

（c）底层入户单元的信报箱

（d）底层单元入口

（e）底层单元入口空间

（f）入户公共走道

（g）电梯内部

（h）标准层电梯候梯厅

图5-8 邯郸市高层住宅小区赵都新城绿和园现状图片

（i）小区内部健身设施　　　　　　　　　（j）底层外部垃圾处理

图5-8　邯郸市高层住宅小区赵都新城绿和园现状图片（续）

5.2.5　锦绣江南

1．基本情况

锦绣江南位于邯郸市主城区复兴区联纺路建设大街交叉口东北角，总占地332亩，建筑面积约100万m²。住宅区有22栋30层的住宅，可容纳居民4496户，居住人口一万五千余人，其中1号楼1层为商业，2~3层局部商业、局部住宅，4~33层为住宅；3、8、21、22号楼地上33层，其中1、2层局部商业、局部住宅，3~33层为住宅；5、6、9、10号楼地上26层为住宅；12、17号楼地上31层，其中1、2层局部商业、局部住宅，3~31层为住宅；13、15号楼地上28层，其中首层局部商业、局部住宅，2~28层为住宅；18、19号楼地上28层，首层为商业及社区配套用房，2~28层为住宅；23号楼地上32层，其中首层局部商业、局部住宅，2~32层为住宅。

2．现状调研及分析

锦绣江南小区占地面积广，小区建筑密度较高，两至三个单元组成一栋住宅楼的形式较多。小区底层入口处较为宽敞，但入口门厅空间相对狭窄。住宅候梯厅较为宽敞明亮，电梯内部未曾设有防疫消毒设施及通风设备。入户公共走道存在昏暗、狭窄的情况，通风状态不佳（图5-9）。

（a）小区北大门入口

（c）底层入户单元的信报箱

（b）建筑单体照片

（e）标准层电梯候梯厅

（d）底层单元入口空间

（f）电梯内部全景

（g）电梯内部局景

（h）入户公共走道

图5-9 邯郸市高层住宅小区锦绣江南现状图片

（i）底层商业　　　　　　　　　　　（j）底层诊所

（k）小区内部环境（一）　　　　　　（l）小区内部环境（二）

图5-9　邯郸市高层住宅小区锦绣江南现状图片（续）

5.2.6　家和小区B区

邯郸市丛台区的家和小区B区建造于2006年，是高层与多层相结合的塔式高层住宅小区，具有一定的代表性。小区共有1035户居民，容积率为1.20，绿化率为30%（图5-10）。

（a）小区大门入口　　　　　　　　　（b）建筑单体照片

图5-10　邯郸市高层住宅小区家和小区B区现状图片

（c）楼梯空间杂物

（d）底层单元入口空间

（e）标准层电梯候梯厅

（f）电梯内部（一）

（g）电梯内部（二）

（h）入户公共走道

（i）小区内部环境（一）

（j）小区内部环境（二）

图5-10　邯郸市高层住宅小区家和小区B区现状图片（续）

5.3　问卷调查与数据分析

5.3.1　问卷调查内容设定

笔者于2021年10月份开始陆续对邯郸市高层住宅所在区域的市民进行调查问卷的发放。出于对人力物力等方面投入的考虑，共发了200份调查问卷。

笔者将所收集到的资料进行归类分析，以便能够更好地掌握调研情况。调查主要涉及住户的基本信息、购买意愿、居住现状和套型需求等内容。

5.3.2　问卷调查结果与分析

1．数据收集与样本分布

问卷发放地点选在欣甸佳园、恒大名都、颐景蓝湾、赵都新城以及锦绣江南五个住宅小区，同时为了提高调查问卷的可靠度，还在邯郸市多个售楼处也发放了一定量的调查问卷并对高层住宅的使用者进行面对面的调查，共有188份调查问卷被回收，其中174份为有效问卷。其具体的分配和回收数量如表5-1所示。

问卷发放及回收情况表　　　　　　　　　　　表5-1

问卷发放地点	问卷数量	回收数量	有效数量	回收率
住宅小区	146	141	132	90.4%
售楼处	36	33	30	83.3%
房产中介	18	14	12	66.7%
汇总	200	188	174	87%

资料来源：作者自绘。

2．问卷调查相关数据分析

1）基本信息

（1）性别比例

对于被调查中统计结果的男女比例为：男性共85人，占总人数的48.9%；女性共89人，占总人数的51.1%，女性比例略高，基本符合邯郸市男女性别比99.98：100，这表示本次调查与实际情况相符（图5-11）。

（2）年龄构成

对于被调查者的年龄构成为：年龄在25～29岁的有

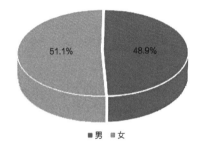

图5-11　被调查者中的性别比例

31人，共占18%；年龄在30~34岁的有42人，共占24%；年龄在35~40岁的有50人，共占29%；年龄在41~50岁的有28人，约占16%；年龄在51~60岁的有14人，约占8%；年龄在60岁以上的有9人，约占5%（图5-12）。

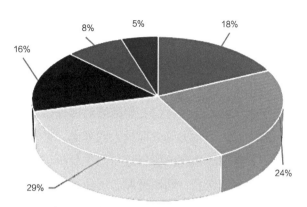

图5-12　被调查者中的年龄构成

由统计数据可以看出，35~50岁的人占比最大，为45%，这一年龄段的人群是购买房屋的最大主力，大部分是二次购买。主要的理由：一是为了改善居住条件；二是为了给子女和老年人买房。

（3）家庭人口及建筑面积

被调查者中的家庭结构为：单身未婚的人群约9人，占5%；夫妻二人的家庭结构共30人，约占17%；三口之家的家庭结构共57人，约占33%；四口人（夫妻和子女）的家庭结构为24人，约占14%；五口人及更多人口（三代之家或两夫妻与父母及青年子女同

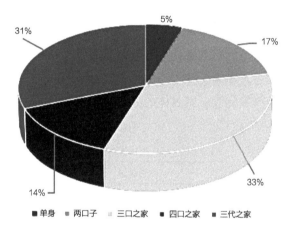

图5-13　被调查者中的家庭结构比例

住）的家庭结构共54人，约占31%。由此可见，家庭人口结构为3人或者5人者最多（图5-13）。

被调查者的当前家庭建筑面积为：户内面积小于90m²的共68人，约占39%；家庭面积在90~120m²的共45人，约占26%；家庭面积在120~140m²的共33人，约占19%；家庭面积在140m²以上的共28人，约占16%（图5-14）。

由此可见，在现代高层住宅中建筑面积小于120m²的户型占比最多，形成这种现象的原因和家庭结构、人口构成有着很大的关系。

2）购买意愿

（1）购买时对于住宅所在意的方面

通过调查问卷可以看出，住户购买高层住宅时对于公共交通布局等方面并不是很在意，而对户型的舒适度及通风采光这两项重视程度相对较高。另外，通过走访调查发现，人们大多开始在意户型的通风采光性能，开始重视户型的健康安全问题。

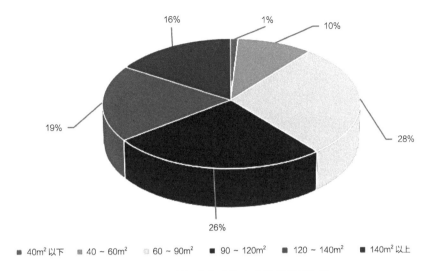

16%　　1%　　10%

28%

26%

19%

■ 40m² 以下　　■ 40 ~ 60m²　　□ 60 ~ 90m²　　■ 90 ~ 120m²　　■ 120 ~ 140m²　　■ 140m² 以上

图5-14　被调查者中的家庭居住面积比例

此外，在选择高层住宅时最在乎哪几个方面（选择三项）时，住户在意最多的是小区所处的地理位置，其次被调查者还比较在意房屋价格与户型布局，小区具有好的位置，能极大地改善人们的生活质量和工作效率。重视小区的配套设施和绿化的人数比例也相对较多，说明人们在选房时也会在意小区的居住环境等因素，科技含量和物业管理这两个方面较为平均（图5-15）。

（2）购买时能接受的梯户比方面

被调查者在选择购买高层住宅能接受的梯户比方面相关选择为：选择接受一梯1户的居民为12人，约占7%；选择接受一梯2 ~ 3户的居民为90人，约占52%；选择接受一梯4 ~ 6户的居民为66人，约占38%；选择接受一梯7 ~ 8户的居民为5人，约占3%；选择接受一梯8户的居民人数为0。由于一梯8户以上的通常为塔式高层住宅，电梯服务户数过多，在平面设计上很难保证每户都能得到最好的朝向，所以很难得到居民的认可（图5-16）。

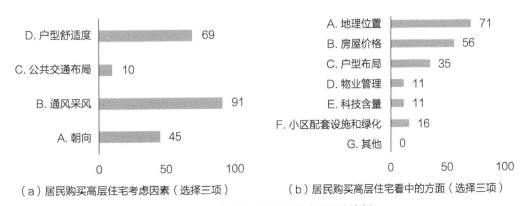

D. 户型舒适度　69
C. 公共交通布局　10
B. 通风采风　91
A. 朝向　45

A. 地理位置　71
B. 房屋价格　56
C. 户型布局　35
D. 物业管理　11
E. 科技含量　11
F. 小区配套设施和绿化　16
G. 其他　0

（a）居民购买高层住宅考虑因素（选择三项）　　（b）居民购买高层住宅看中的方面（选择三项）

图5-15　被调查者在意住宅相关方面所占比例

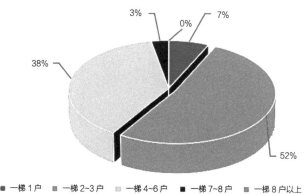

■ 一梯1户   ■ 一梯2~3户   ▢ 一梯4~6户   ■ 一梯7~8户   ▨ 一梯8户以上

图5-16　被调查者中能接受的梯户比比例

（3）购买时对于房屋装修方面的考虑

被调查者对高层住宅装修的需求中，48%的住户选择了未装修的毛坯房；有38%的住户选择精装修的房子；只有14%的住户选择了简单装修的房子。现今住宅销售中的精装修房大多是由房地产开发商统一进行设计装潢的，样式往往较为普通，难以与居住者的不同需求相契合，而且，精装修房的户内装潢工程通常整体发包，监管不到位就容易出现质量问题，影响居住健康和安全。大多数住户选择了毛坯房，方便今后按照不同的需要装修自己的住房（图5-17）。

（4）购买时对于户内卫生间数量方面的考虑

被调查者对于购买的住宅户内卫生间数量的需求是1个的为2人，约占1%；要求是2个的为129人，约占74%；要求是2个以上的为27人，约占16%；没有特定要求的人数为16人，约占9%（图5-18）。

3）满意程度

（1）户型布局满意程度

关于居民对高层住宅居住户型布局的满意程度调查，其中对于家中户型布局选择

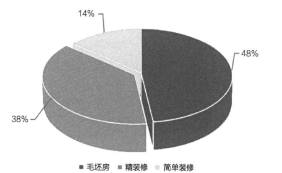

■ 毛坯房   ■ 精装修   ▢ 简单装修

图5-17　被调查者对于房屋装修的意愿

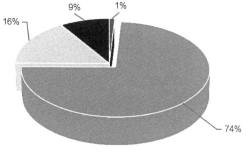

■ 1个   ■ 2个   ▢ 2个以上   ■ 没有特定要求

图5-18　被调查者对于卫生间数量的需求

非常满意的有30人，占17%；住户对于
家中户型布局很满意的有40人，约占
23%；对于家中户型布局选择一般的有
64人，约占37%；对于家中户型布局选
择不满意的有35人，约占20%；对于家
中户型布局认为非常不满意的有5人，
占3%（图5-19）。

（2）日照和通风满意程度

对于被调查者关于居住空间日照
的满意程度，其中有30人选择非常满
意，约占17%；有49人选择很满意，

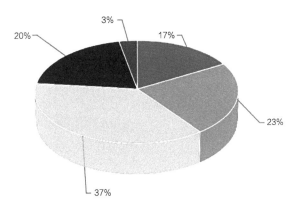

图5-19　户型布局的满意程度

约占28%；有73人选择一般，约占42%；有18人选择不满意，约占10%；有4人选择很不
满意约占3%。由此可见，关于居住空间日照采光状况方面，居民的满意程度并不算很
高，绝大多数居民选择了一般。以此说明在邯郸主城区高层住宅的住户在居家隔离期间
对光照的要求十分重视（图5-20）。

对于被调查者关于居住空间通风的满意程度，其中有60人选择非常满意，约占
35%；有45人选择很满意，约占26%；有31人选择一般，约占18%；有20人选择不满
意，约占11%；有18人选择很不满意，约占10%（图5-21）。

（3）玄关大小满意程度

对于被调查者关于玄关空间大小的满意程度，有10人选择非常满意，约占6%；有
23人选择很满意，约占13%；有106人选择一般，约占61%；有24人选择不满意，约占
14%；有11人选择非常不满意，约占6%。通过数据统计及面对面的交谈发现，在居家
隔离期间，许多居民对家中玄关空间感到很小或者是没有感到不便，越来越重视起玄关
空间的作用（图5-22）。

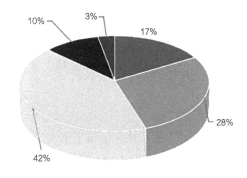

图5-20　居住空间日照的满意程度

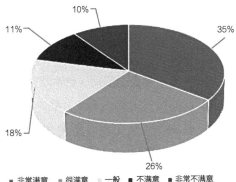

图5-21　居住空间通风的满意程度

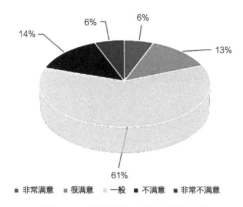

图5-22　居住空间玄关大小满意度

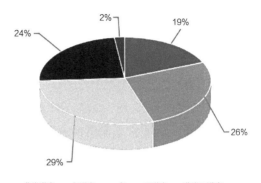

图5-23　起居室面积大小满意程度

■非常满意　■很满意　■一般　■不满意　■非常不满意

（4）起居室面积大小满意程度

对于被调查者关于起居室面积大小的满意程度，其中有34人选择非常满意，约占19%；有45人选择很满意，约占26%；有50人选择一般，约占29%；有42人选择不满意，约占24%；有3人选择非常不满意，约占2%。通过数据分析可以发现，绝大多数人对于起居室面积大小表示较为满意，认为起居室面积足够，同时也从侧面反映出传统设计中起居室占用了户内大量的内部空间（图5-23）。

（5）娱乐活动空间大小满意程度

对于被调查者关于户内娱乐活动空间大小的满意程度，其中有3人选择非常满意，约占2%；有42个人选择很满意，约占24%；有78人选择一般，约占45%；有43人选择不满意，约占24%；有8人选择非常不满意，约占5%。由此可见，大多数居民对于家中娱乐活动空间不满意，认为户型内部没有足够的空间进行娱乐活动。随着时代的发展，现代高层住宅中的居民越来越注重生活质量和追求精神上的满足（图5-24）。

（6）阳台的面积大小满意程度

对于被调查者关于阳台面积大小的满意程度，其中有10人选择非常满意，约占6%；有47人选择很满意，约占27%；有82人选择一般，约占47%；有30人选择不满意，约占17%；有5人选择非常不满意，约占3%。通过数据分析可以发现，大多数人对于阳台的面积大小的满意程度表示一般，阳台可以看作是居民套内户型中的一种延伸，成为居民日常生活中必不可少的空间（图5-25）。

（7）住宅楼梯现状（通风、采光、疏散）满意程度

对于被调查者关于住宅楼梯现状（通风、采光、疏散）方面的满意程度，有11人选择非常满意，约占6%；有53人选择很满意，约占30%；有76人选择一般，约占44%；有26人选择不满意，约占15%；有8人选择非常不满意，约占5%。通过数据分析可以发现，对于高层住宅的楼梯现状许多人认为还是比较满意的。由于高层住宅的楼梯形式主

要为剪刀楼梯和平行双跑楼梯，通常楼梯对于高层住宅的使用频率并不是很高，在平时或是居家隔离期间使用电梯是人们上下楼选择的主要途径，对于楼梯的通风、采光与防疫许多住户并不是非常在意，而楼梯的疏散能力才是大多数人所重视之处（图5-26）。

（8）住宅电梯现状（通风、采光、疏散）满意程度

对于被调查者关于住宅电梯现状（通风、采光、疏散）方面的满意程度，有3人选择非常满意，约占2%；有5人选择很满意，约占3%；有97人选择一般，约占56%；有44人选择不满意，约占25%；有25人选择非常不满意，约占14%。通过数据分析可以发现，对于高层住宅的电梯现状（通风、采光、疏散）许多居民表示并不满意。主要是由于电梯是许多高层住宅用户的首要选择方式，而邯郸市主城区许多高层住宅的电梯空间较为狭小，有些塔式住宅中，一梯四户或者两梯六户等电梯服务户数较多，且电梯内部空气循环较差，造成电梯内部更容易发生病毒的交叉感染，导致绝大多数居民对电梯现状表示不满（图5-27）。

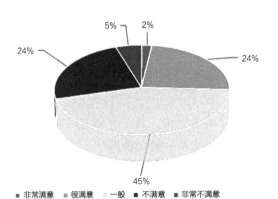

图5-24　娱乐活动空间大小满意程度

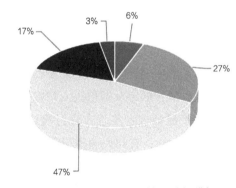

图5-25　阳台面积大小满意程度

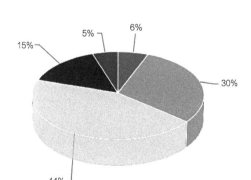

图5-26　住宅楼梯现状满意程度

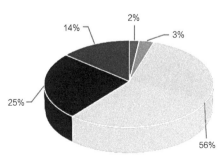

图5-27　住宅电梯现状满意程度

（9）住宅公共走道现状（通风、采光、疏散）满意程度

对于被调查者关于住宅公共走道现状（通风、采光、疏散）方面的满意程度，有10人选择非常满意，约占6%；有21人选择为很满意，约占12%；有85人选择一般，约占49%；有45人选择不满意，约占26%；有13人选择非常不满意，约占7%。通过数据分析可以发现，对于高层住宅的公共走道现状许多人表示不太满意。由于高层住宅的公共走道为内廊或者外廊形式。外廊在冬季不够保暖，内廊通常朝北且一般没有窗户，导致光线昏暗，在突发公共卫生事件时，廊道的通风仅靠自然通风，空气环境较差，因此许多人对于公共走道的现状表示不满（图5-28）。

4）居住需求

（1）门厅的空间与消杀需求程度

对于被调查者关于入户独立门厅的需求程度，其中有66人选择非常需要，约占38%；有56人选择很需要，约占32%；有43人选择一般，约占25%；有7人选择不需要，约占4%；有2人选择非常不需要，约占1%。如今许多户型没有设计独立的入户过渡空间，有些入户过渡空间的形式也只是通过后期的装修设计划分出来的，这样做只起到视线遮挡的作用，效果远没有独立门厅（结构性门厅）好，一般情况下，除了可以放置鞋柜和衣柜之外，为了满足疫情期间的生活需求，还要将门厅的宽度进行拓宽。此外，在突发公共卫生事件时，一个完整的独立门厅可以作为防疫的临时缓冲区域，极大程度上隔离或者减少病毒及细菌进入户内（图5-29）。

对于被调查者关于入户过渡空间是否需要增设消杀设施，其中有55人选择非常需要，约占32%；有87人选择很需要，约占50%；有14人选择一般，约占8%；有13人选择不需要，约占7%；有5人选择非常不需要，约占3%。通过数据分析可以发现，对于入口玄关处是否需要增设消杀设施，大多数人认为很有需要。在今后的住宅设计中，入口门厅处的消杀设施需要被人们重视（图5-30）。

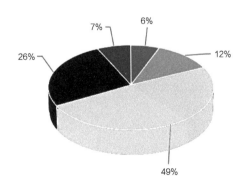

图5-28　住宅公共走道现状满意度

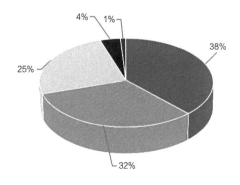

图5-29　独立门厅需求程度

（2）主卧辅助空间及卫生间的需求程度

对于被调查者关于在主卧设置辅助空间（可进入式衣帽间、书房）的需求程度，有19人选择非常需要，约占11%；有49人选择很需要，约占28%；有54人选择一般，约占31%；有38人选择非常不需要，约占22%；有14人选择非常没必要，约占8%。在人们的居住水平不断提高的同时，人们也越来越重视对生活品质与改善。超过120m²的户型一般都会在家里设置一个独立的学习空间或者一个可以直达房间的学习空间，另外还可以在主卧空间设置一个独立的可进入式的衣帽间，也可以在主卧设置一个休闲区域，比如一张沙发或者一张茶几。这就要求增加主卧室的面积，以适应目前住户的使用要求（图5-31）。

对于被调查者中关于家中主卧设专用卫生间方面的调查，有37人选择非常需要，约占21%；有42人选择很需要，约占24%；有45人选择一般，约占26%；有33人选择不需要，约占19%；有17人选择非常不需要，约占10%。由此可见，在高层住宅户型面积足够大时才能设置两个以上的卫生间，既有高层住宅中通常家中卫生间的数量仅满足刚需。在居家隔离期间，主卧的卫生间重要性被体现了出来。人们对于消毒洗手等防疫意识越来越强，导致洗手间的使用频率增加，当户型中有两个卫生间的时候，可以大大降低人们使用卫生间造成的紧张（图5-32）。

（3）卫生间空间需求程度

对于被调查者中关于居民家中卫生间内是否需要采光的调查，有48人选择非常需要，约占28%；有43人选择很需要，约占25%；有31人选择一般，约占18%；有28人选择不需要，约占16%；有22人选择非常不需要，约占13%。由于卫生间是户内湿度最大的地方，因此要保证卫生间的空气流通和采光。但大部分卫生间都是没有自然彩光的，且采用的是机械排风方式。由于户内光线良好的方向主要提供给了起居室与主卧，所以住户对卫生间空间的需求程度较高（图5-33）。

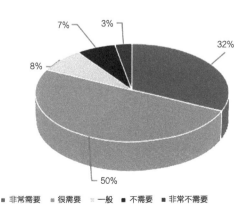

图5-30　入户空间增设消杀设施需求程度

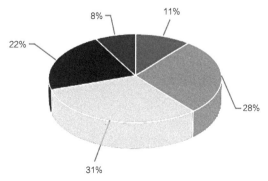

图5-31　主卧设置辅助空间需求程度

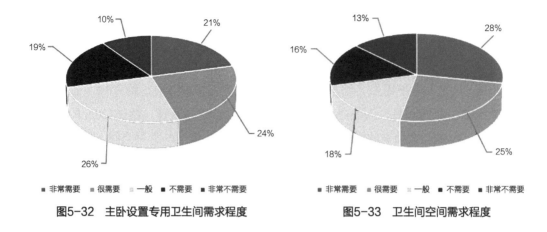

图5-32　主卧设置专用卫生间需求程度　　　　图5-33　卫生间空间需求程度

（4）户型的智能化和人性化需求程度

对于被调查者中关于家庭设备智能化需求，有31人选择非常需要，约占18%；有43人选择很需要，约占25%；有47人选择一般，约占27%；有34人选择不需要，约占20%；有17人选择非常不需要，约占10%。当今人们正处在一个高度信息化的社会，现代化的商品为人们的日常工作提供了方便，但是目前，高层住宅配备家庭智能化系统的并不多。虽然在住宅中增加了与智能化有关的业务，但因为智能设备还不够完善，所以居民在智能家居体系应用上持一般态度的较多。大多数住户都期望将来的住宅智能化能够更为普遍和完善，从而方便他们今后的居住（图5-34）。

（5）起居室及辅助空间需求程度

对于被调查者中关于起居室方面的需求程度，有9人选择非常需要，约占5%；有10人选择很需要，约占6%；有56人选择一般，约占32%；有50人选择不需要，约占29%；有49人选择非常不需要，约占28%。起居室的主要功能是满足家庭公共活动的需求，通过调研发现居民们不再追求豪华的大起居室，开始回归理性，在满足基本需求的基础上，追求个性化、人性化的空间（图5-35）。

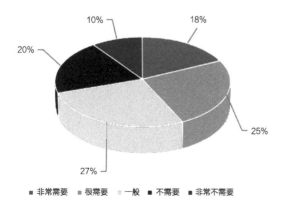

图5-34　家庭设备智能化需求程度

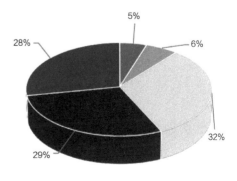

图5-35　起居室扩大空间需求程度

　　对于被调查者中关于家中辅助空间（书房、客房、贮藏间、佣人房等）的需求程度，有42人选择非常需要，约占24%；有45人选择很需要，约占26%；有50人选择一般，约占29%；有21人选择不需要，约占12%；有16人选择非常不需要，约占9%。随着人们生活水准的不断提升，人们的居住要求也逐渐变得多元化，通常三室以上的户型才有可能布置书房、客房等附属的房间。不过，根据调查，书房、佣人房、健身房的布置仍然与次卧一样并列或者垂直布置，是较为单一的排列组合，缺少设计与思考。由调查数据可以看出，居民对于家中辅助空间等附属空间的需求仍然很大，约有50%（图5-36）。

　　（6）所在单元增设电梯需求程度

　　对于被调查者中关于所在单元增设电梯需求程度，有6人选择非常需要，约占3%；有22人选择很需要，约占13%；有72人选择一般，约占41%；有37人选择不需要，约占21%；有10人选择非常不需要，约占6%。电梯在高层住宅中的重要程度越来越明显，通过调查发现，由于电梯内部空间狭小，居民认为在电梯内部很容易被传染，因此许多居民希望增设类似传染病人员专用电梯，平时也可使用，方便居民出行（图5-37）。

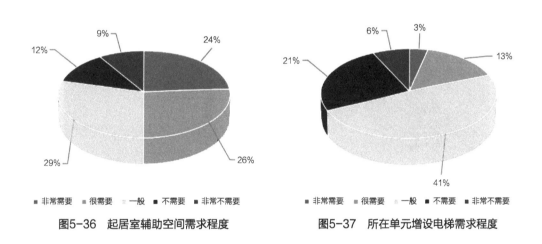

图5-36　起居室辅助空间需求程度　　　　图5-37　所在单元增设电梯需求程度

5.4　现状问题总结

5.4.1　住宅单元户内空间

　　对于住宅中的户型除了要满足居民基本居住需求外，更应该提供健康安全、灵活多变的空间环境。在这个"时代"居家生活模式和户内平面布局应该得到重新的认识与升级。

5.4.1.1　户内外无过渡空间

调研发现，邯郸市主城区刚需户型占比较高，通常户型并无入户过渡空间设计，有些户型需要住户穿越部分生活区域才能到达洗手消毒的地方，这导致户内空间流线交叉，不利于隔断细菌、病毒在户内空间的传播。有些含有玄关设计的户型，也并未能将入户洗手消毒考虑在设计之内，同样不能在最大程度上帮助居民隔断细菌、病毒。邯郸市某两梯四户的高层住宅中间户型入户空间，打开入户门后就直接进入到了起居室或者餐厅区域，没有入户过渡空间，也没有任何的消毒及防护空间（图5-38）。

邯郸市嘉大如意小区某三室两厅户型中在户内平面设计时，入户不但没有过渡空间，住户入户后想要洗手消毒需要经过蓝色餐厅区域后再经过黄色起居室区域到达紫色交通区域后才能抵达洗手间，这样不光不能及时对细菌、病毒进行消杀隔断，还有可能接触到户内其他物品，导致直接或者间接将病毒传染给户内其他住户（图5-39）。

图5-38　邯郸市某高层住宅入户空间

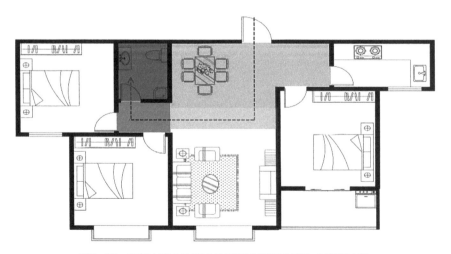

图5-39　邯郸市嘉大如意小区某三室两厅户型入户消毒流线

5.4.1.2 起居室使用功能单一

调研中发现有些居民在家中增设了跑步机等健身器材，在住宅入口处利用挂烫机来作为入户后悬挂衣物的物品，在入口处的沙发扶手上放置了消毒液（图5-40）。

起居室通常是住宅中家庭成员集体活动的空间，随着居家隔离期间通勤时间的增加，起居室的功能被逐渐弱化。对于中小型户型中起居室的使用面积常常被其他功能所取代或者被挤压，无法满足全员沟通、娱乐、运动、观景等多种使用需求。

（a）起居室增加跑步机　　（b）起居室兼顾玄关功能　　（c）起居室兼顾消毒功能
图5-40　疫情期间邯郸市某住户居家防疫措施

5.4.1.3 缺少双分离式卫生间

很多住户开始对卫生间的安全、健康问题提高重视。例如，对于卫生间的地漏、管道气密性、通风、消毒等问题如何解决。许多中小型户型卫生间数量少且达不到干湿分离的要求。这将会造成在面对突发公共卫生事件时部分轻症患者或者无症状患者形不成良好的居家隔离。此外，因人们久居家中，使得卫生间的使用频率急剧提升，一个卫生间难以满足家中众多人口的基本生活需求，如邯郸市广兴源90m²的小户型，家中只配备有一个独立卫生间（图5-41、图5-42）。

图5-41　卫生间排水管道污物传染

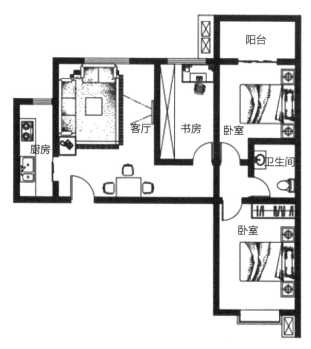

图5-42　邯郸市广兴源90m²三室两厅一卫平面图

5.4.1.4　缺少独立隔离空间

　　通过调查发现：一方面疫情居家隔离期间，许多新型生活模式应运而生，如居家办公、网络授课、直播带货等。但是对于众多中小型户型的住户而言想要在卧室进行办公或者学习可能会由于空间狭小而感到不便，想要在起居室进行办公或者学习环境又很嘈杂，家中若是有孩子可能还需要增加孩子独立上网课的空间，对于繁杂的功能需求，小户型的空间很难同时满足，有些住户在疫情期间甚至将卫生间改造为办公区域，其工作环境十分令人担忧（图5-43）。

图5-43　卫生间改造为办公区

　　家中一旦有疑似病例，便急需一间包含独立卫生间的卧室，通常在套内的主卧中，卫生间需要配置独立的排水系统与通风系统，避免交叉感染。对于独立的隔离空间内部也需要良好的采光与景观，这样有助于隔离人员的身心健康。

5.4.1.5　户内通风与采光不足

　　在居家隔离期间，由于家庭人员共同生活，各类空间使用频率及时间的增加，容易造成户内通风不畅且滋生细菌，不利于家庭成员的身心健康。例如，邯郸市现代华府某板式高层住宅仅起居室与主卧有南向采光，而次卧及厨房的采光面积被减少了许多，对于卫生间和餐厅则是只能够间接采光。在通风方面，对于这类楼层中间户型的家庭来说，户型的北侧为内廊，导致无法北侧开窗，户内通风不畅，空气浑浊，想要利用自然通风就必须打开入户门，在疫情期间容易使电梯及楼道里被污染过的空气进入户内，这对居家防疫环境是极其不利的。在寒冷的冬天，鉴于防寒保暖的需求，户内更加无法通过南北向的自然通风进行换气，只能通过东西向的气流来实行自然通风，大大降低了住户的使用感受（图5-44）。

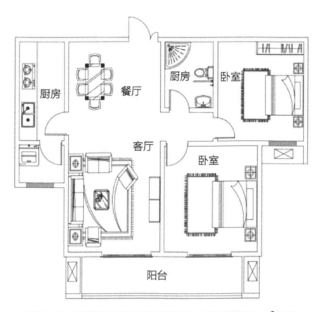

图5-44　邯郸市现代华府两梯四户中间双拼104m^{2}户型

5.4.2　住宅单元公共空间

5.4.2.1　楼电梯缺乏防疫措施

笔者通过对邯郸市各类高层住宅小区的调研发现，在疫情暴发后许多高层住宅小区在电梯内部增设了通风换气设备，在电梯内部加设消毒设施并对电梯按钮进行定期消毒或者配备保鲜膜等防疫措施。但当疫情稍稍有所缓解之时，笔者进入各类高层住宅小区电梯内部调研时却发现绝大多数的通风换气设备在日常生活中并没有开启使用，电梯中的消毒设施也被撤离，电梯内部除了安装了并未正常工作的通风设备外并没有其他改变。对于电梯轿厢内部空间狭隘，空气不够畅通这一现状未曾有过实际意义上的改变。对于高层住宅的楼梯而言，笔者在调研中并没有发现存在针对楼梯的防疫措施，楼道内昏暗、通风不畅并且依旧会有杂物甚至是垃圾堆放。这样的情况一旦有病毒携带者进入该小区并乘坐电梯或走楼梯时，很容易造成细菌及病毒的二次交叉感染，后果将不堪设想（图5-45）。

（a）邯郸恒大名都某电梯内　　　　　（b）邯郸欣甸佳园某电梯内

（c）邯郸人和小区三期某电梯内　　　　（d）邯郸仁达嘉苑某电梯内

（e）邯郸天泽园小区某电梯内　　　　（f）邯郸荣盛·锦绣花苑某电梯内

（g）金世纪·新城小区某电梯内　　　　（h）鸿基花苑小区某电梯内

图5-45　后疫情期间邯郸市部分高层住宅电梯内部

5.4.2.2　公共走道缺乏防疫措施

许多住户由于家中原本设计布局中并未设计入户过渡空间或者入户空间狭窄，所以将门外的公共走道空间改造为自家的消毒及防护空间。例如，邯郸市荣盛·锦绣花苑小区中某两梯四户的住户入户空间，经改造将电梯候梯厅与入户公共走道相融合，功能分区模糊且空间较为狭窄。可以看出住户在门口摆设了鞋架用于放置外出穿用的鞋子；鞋架上放置了消毒用的酒精喷壶、餐巾纸；在电梯门口设置了挂钩用来悬挂雨伞、安全帽；在防烟楼梯间的防火门上设置了挂钩用来悬挂衣物；在电梯口停放自行车、电瓶车等。让本就狭小昏暗的空间更为闭塞，当疫情来临之际，这样的空间布局实际上更加容易造成空气的不流通及病毒的交叉感染（图5-46）。

图5-46　邯郸市荣盛·锦绣花苑某两梯四户住户入口公共走道布置

5.4.2.3 底层入口空间缺乏防疫措施

住宅底层入口空间是人们进入单元楼的第一空间，要想将病毒或者细菌隔离在室外，底层入口空间的设计尤为重要，但是由于住宅的入口空间形式往往受交通核的制约，其承担的功能过于单一，导致在疫情期间本该成为住户进入户内的"第一道防线"却被人们所忽视。

通过调研发现，邯郸市高层住宅单元入户门厅大多数采用的是按键密码解锁单元入户门，研究表明病毒携带者向其周围环境散播病毒的方式有：①呼吸、咳嗽、打喷嚏等产生的含病毒飞沫排散、悬浮在周围的空气中，落到物体的表面上；②病毒携带者的排泄物：痰、呕吐物、粪便、尿等，滑落到物体上，进入污水系统，雾化微粒进入空气中；③病毒携带者的身体（主要是手）接触到周围物体，把病毒玷污到物体上；④病毒携带者的衣物和丢弃物带有病毒。而门厅及电梯的门把手均是采用接触开启方式，病毒携带者会将病毒间接传播给下一个接触的人员。

单元入户门厅在功能上承担着户内外过渡的作用，往往在设计之初会通过挑高或增加进深营造出缓冲空间。但是在实际生活中，这一部分的缓冲空间会被大量居民放置非机动车，这会使得原本宽敞的门厅变得拥挤，大大影响疫情时期的应急防疫（图5-47）。

（a）邯郸市恒大名都底层单元入户门厅

（b）邯郸市安居·人和小区底层单元入户门厅

图5-47　邯郸市部分高层住宅单元入户门厅图片

（c）邯郸市荣盛·锦绣花苑底层单元入户门厅

（d）邯郸市天泽园小区底层单元入户门厅

（e）邯郸市鸿基花苑小区底层单元入户门厅

（f）邯郸市中央公园小区底层单元入户门厅

图5-47　邯郸市部分高层住宅单元入户门厅图片（续）

5.5 本章小结

　　截至2021年10月，邯郸市主城区高层住宅小区中住宅数量由高到低依次是丛台区、邯山区、复兴区。从邯郸市高层住宅的发展历程来看，可以将其分为三个阶段，分别是起步阶段、发展阶段和涌现阶段。根据建造年代完整性、住宅小区规模、人口结构多样性方面筛选出邯郸市主城区具有典型性的高层住宅小区：欣甸佳园、恒大名都、安居东城、赵都新城绿和园、锦绣江南、家和小区B区。并对其进行调研，发现以下问题：

　　（1）住宅户内空间各要素不合理：户内外无过渡空间，起居室使用功能单一，缺少双分离式卫生间，缺少独立隔离空间，住宅环境通风、采光差等。

　　（2）住宅公共空间各要素缺乏防疫措施：楼电梯缺乏防疫措施，公共走道缺乏防疫措施，底层入口空间缺乏防疫措施。

第6章
住宅建筑防疫应急设计
优化策略及应用

6.1 住宅建筑防疫应急设计基本原则

6.2 户内空间防疫应急优化设计

6.3 单元公共空间防疫应急优化设计

6.4 室外空间防疫应急优化设计

6.5 基于防疫应急需求的优化策略应用

6.6 本章小结

通过对邯郸市多层住宅建筑在突发公共卫生事件下现状的综合分析，由邯郸市主城区多层住宅建筑的共性问题推而广之。本章尝试在明确住宅建筑防疫应急设计原则的基础上，以突发公共事件为背景，针对现状存在的问题，在构建舒适、宜居、活力、多元住宅建筑的基础上，分别针对建筑户内环境、单元公共空间、室外环境提出应对突发公共卫生事件的更新策略，以期构建除美观、舒适外，还设计有消杀防疫且功能全面的空间、避免交叉感染且互相独立的流线、健康合理的户内布局的具有防疫应急能力的多层住宅建筑。

6.1 住宅建筑防疫应急设计基本原则

6.1.1 整体原则——遵守全过程防疫，兼顾户内外空间

突发公共卫生事件下的高层住宅应急设计并不是独立存在的，而应该是作为建筑单体的一部分。户内外空间影响因素是复杂的，具有多面性的。在居民对自身健康需求日益增长的今天，对居住空间的防疫应急设计就不能单纯限于对其功能性特征的追求上。对其空间的设计应该在满足其自身基本功能要求的基础上，还应该考虑如何为居民提供一个整体健康与舒适的户内环境。

6.1.2 多变原则——平疫灵活转变，提高建筑韧性

住宅建筑是由远古时代的洞穴在人类社会经济、政治文化的共同影响下所产生。该类建筑本身，需要平面布控设计、立体空间创建以实现居民需求。作为一项复杂的综合工程，在住宅建筑的各个阶段都始终贯穿韧性这一理念。

在"适用、经济、安全、美观"的要求下，韧性主要表现在用较少的投入获得更稳定且具有弹性的结果，以达到最佳使用效果。基于韧性城市的解析，进一步由外而内提炼住宅建筑的韧性更新要素。首先，从空间组合的正面效用促进空间韧性效果的提升，即以户内流线的合理组织为基础进行空间的排布，以提升空间韧性；其次，从防疫应急角度整合户内空间要素，积极组织应对突发公共卫生事件的户内防线。由此可见，住宅户内空间防疫应急更新设计应以居民生活为基础，以提升空间防疫应急能力为核心，通过户内空间布局等要素进行更新提升，即韧性住宅不仅要在风险发生时确保建筑更安全，还需提高居民应对突发公共卫生事件的能力。

6.1.3 健康原则——坚持环保可持续，构建健康住宅

党的十九大报告指出要加快生态文明体制改革，建设美丽中国，同时推进绿色发展。在住宅建筑的设计方面，同样应满足绿色环保的要求，以遵循可持续发展的建筑理念。在环保方面，住宅建筑需结合周边环境与资源以推进设计，达到建筑与周围环境的和谐统一；在节能方面，需综合考虑空间内的资源问题，以确保建筑的节能高效。总体来说，应做到建筑与周围环境的和谐统一，充分利用自然环境和气候条件的同时因地制宜地切实提高资源利用率，提高住宅建筑的可持续性。同时，在坚持环保可持续理念的基础上，从功能灵活性、功能全龄化两方面入手，进一步构建健康住宅。

在功能灵活性方面，住宅建筑空间功能需做到随家庭结构的改变而改变，并可满足居民使用过程中的新需求，如在突发公共卫生事件下，户内玄关需可进行简单的消杀以保障居民安全，这就要求住宅建筑户内空间分隔可变且家具设施布置可变，推动空间快捷变化。住宅建筑空间变化的灵活性不仅有助于节约空间，而且可以增加空间功能的复合性，最大程度地满足居民的生理及心理等多层次需求，为居民营造健康、安全、舒适、环保的高品质住宅。

在功能全龄化方面，在满足功能灵活性的基础上，对于同一住宅空间来说，居民呈现出由独居模式到多代共生模式的不同家庭结构，空间应满足不同家庭结构的生活需求，营造良好的居住氛围，在实现住宅建筑可持续的优化目标的同时，使居民在身体上、精神上处于良好的状态。

6.1.4 以人为本原则——满足多层次、多主体的居民需求

住宅建筑不同于其他形式的建筑，需要通过户内及室外空间布局形式优化，为居民提供便捷的生活条件，以满足居民生活、居住、休息、娱乐等多元化需求。所以，在住宅建筑防疫应急设计中，应明确人的主体性，结合马斯洛需求层次理论，通过提升建筑的防疫应急能力，改善居民的生活体验，保障居民在突发公共卫生事件下的安全，同时满足居民在生理、安全方面的需求。通过人文精神的塑造，使居民通过住宅建筑感知相应的人文关怀精神，进而在突发公共卫生事件之下，满足居民社交、尊重和自我实现的需求。

在生理和安全方面，住宅建筑是满足居民生理需求的必要场所，且突发公共卫生事件的突发严重影响居民的安全，户内厨房、卫生间地漏的处理，单元公共空间的交叉使用，垃圾的"二次污染"都成为构建安全防线的薄弱环节，为应对此类情况，对住宅建筑需进行防疫设计，以满足居民对于住宅建筑生理和安全的要求。相较于其他类型的建筑，住宅建筑作为家庭或个人最基本的生活空间，是对私密性要求最高的建筑类型。因

此，在保障居民安全的基础上，同时要满足私密性要求，而私密性的满足同样会增强居民的安全感。这就要求合理组织从公共到私密的空间序列，并明确户内室外、户与户、室与室之间的空间界限，并设置适当的阻隔视听干扰措施，在室外空间、单元公共空间及户内空间各层次及方面都应注重居民对于私密性的需求，以满足居民基本的居住行为和心理需求。

在社交、尊重和自我实现方面，住宅建筑的本质为服务于居民，不能使之成为居民生活中的枷锁，因此住宅建筑防疫应急设计应遵循马斯洛需求层次理论，通过温馨的空间环境在保证居民防疫应急需求的基础上，满足居民社交、尊重与自我实现的需求。为提升住宅建筑户内环境质量，户内各功能空间要具有良好的采光及通风，并体现一定的设计感；单元公共空间则需在满足居民基本使用要求的基础上，进一步进行文化设计，以满足居民对于舒适性的要求；对于室外环境来说，居民交往、休闲的室外空间同样是舒适性空间创建的重要场所，应在纳入居民原有生活的基础上，进行空间的多种围合，营造诸如广场、绿地、小品等多种空间，以确保居民在突发公共卫生事件下使用的舒适性，搭建实现居民社交、尊重和自我实现的空间平台。

6.2 户内空间防疫应急优化设计

在突发公共卫生事件发生时，户内空间是居民使用时间最长的空间，故优化户内空间防疫应急设计可最大程度提高居民的生活质量和居住幸福度。居民对于生活及防疫两个方面均提出了新的功能要求，在生活方面需增设家庭娱乐、储物、学习、办公和观景等功能，在防疫方面需满足居民独立消杀、居家隔离、通风晾晒等需求。需针对性地将需求纳入具体的防疫应急设计中，塑造舒适且实用的户内空间。

6.2.1 入户形成独立空间，隔离传染源

6.2.1.1 入户花园空间

随着居民生活水平的逐渐提升，对于住房的要求也逐渐由"居者有其屋"向"居者优其屋"转变，对于"健康城市"和"绿色住宅"的需求也愈加强烈，在此背景下，设有入户花园的新型住宅类型应运而生。入户花园即在入户门与起居空间之间置入一个承担过渡与连接功能的花园空间，该空间多适用于入户空间较为宽敞的户型，同时可在新建住宅建筑中设计置入该空间。

入户花园作为进入户内的第一个空间，其置入可以使户内形成一个独立且便于通风的空间。在常规状态下，仅需考虑置物功能，突发公共卫生事件发生时，该空间的防疫

（a）入户花园平面示意图　　　　　　（b）入户花园应急设计示意图

图6-1　入户花园及防疫应急设计示意

设计还需增设换洗、消毒功能，满足特殊时期切断流行性疾病传播途径、避免交叉感染的功能需求（图6-1）。

　　在入户花园空间，置入换衣、洗手、置物、挂烫及悬挂收纳衣物等功能，在居民入户时，功能依据换衣、盥洗、置物、消杀和临时收纳顺序排布，出户时，功能着重于换衣方面。该种布置方式可最大化地利用该空间，完成居民由室外进入户内的消杀防疫过程及由户内到往室外的换衣过程，使居民更好地完成防护，满足居民安全需求。

6.2.1.2　入户玄关空间

　　入户花园空间是新型的入户过渡空间，在此之前入户空间多以玄关空间形式出现，玄关空间的设计及布置多适用于入户空间较狭小的住宅建筑。玄关空间根据其封闭程度可分为封闭玄关和非封闭玄关。

　　封闭玄关较为独立，在突发公共卫生事件下，玄关布置需按照居民行为流线，布置更换衣物、盥洗消毒空间，根据面积大小考虑是否结合卫生间综合布置盥洗及消毒区域。较小面积的玄关空间参照入户花园空间布置置入功能，满足居民防疫需求；较大面积的玄关空间可与卫生间结合布置，实现玄关空间的洁污分区，最大程度地满足居民的防疫需求（图6-2）。

　　在已建住宅中，既有开放的门厅，也有不设门厅的，都是不封闭的。在开放式玄关的情况下，应增加门帘、推拉门等隔断，增加更衣、置物、消毒等功能，以满足居民的日常生活需要。在没有玄关的情况下，设计不会考虑到防疫的紧急需要，在改造时，需要增加一道隔断，形成一个封闭的玄关，并在以后的设计中尽可能避免这种玄关的出现。

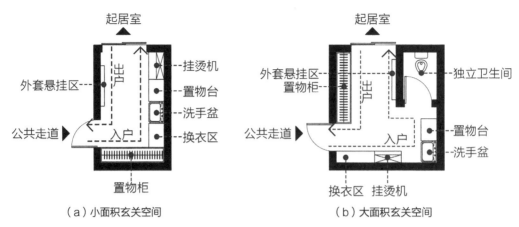

（a）小面积玄关空间　　　　　　　（b）大面积玄关空间

图6-2　玄关空间及防疫应急设计示意

6.2.2　打造功能复合空间，提高空间利用率

6.2.2.1　家具的功能复合使用

户内居住体验感与户内家具的选择相关，家具使用的舒适程度直接影响户内空间的使用与居民感受，在突发公共卫生事件之下的居家生活更是如此。因此，在居家选择上，不仅要考虑居民喜好，更要在以人为本原则的基础上，结合人体工程学，选择适合住宅建筑户内空间的最优家具类型。同时，还应该考虑住宅家具使用的功能复合性，使居民在有限的户内空间内实现更多使用可能性，增加户内空间使用的灵活性。多功能复合家具是以传统家具为基础，在基本功能的基础上复合其他新功能的现代家具产品。常见的功能复合型家具有根据不同需求可调节的折叠桌椅、复合收纳功能的床榻、集合床功能的沙发等类型。

在功能复合型家具中，多是通过折叠、旋转、拉伸等不同方式增加家具的使用弹性，以满足不同居民的不同需求，使同一件家具在同一空间的不同时段具有不同功能。在户内空间置入功能复合型家具，可提升空间功能的弹性，提升空间利用率。

6.2.2.2　空间的功能复合使用

在空间功能复合方面，主要是在空间设计及平面布置时依据不同功能空间在不同时间段的使用频率及使用时长，在同一空间置入不同功能，实现同一空间不同功能的可能性，且功能使用不相互干扰，以提高户内空间的利用率。户内各空间因所承载的功能不同，故使用频率各不相同，在空间的功能复合性设计方面，可"隐藏"不常使用的功能空间，在用到时"显露"此空间，实现空间利用的最大值。空间的功能复合使用主要可从水平方向空间和垂直方向空间两个维度进行设计。

在水平方向的空间复合使用方面，可采用功能空间整合、灵活隔断和封闭"半间房"的方式实现空间的复合使用。

功能空间的融合，体现为生活空间与厨房空间的复合功能。当重大的公共卫生事件发生时，这个区域的作用不仅仅是作为休闲场所。在面积更小的单元内，可以进行生活—餐饮—厨房的一体化设计，通过完全开放的大空间来满足住户的居住需求；在更大的户型中，起居室可以进行多功能的组合，并根据住户的需要，将多功能厅设计成为健身、休闲茶室、学习室、影视厅等多种空间。综合式居住—餐饮—客厅综合设计，解决了居住小区居住困难的问题，采用整体式设计拓展了空间，使其具有放置功能的可能性，在满足居民需求的前提下，创造出空间趣味性，在突发公共卫生事件下，同时满足居民生活和心理要求。在居住—多功能空间的设计中，有助于建立一个更加和谐的内部沟通空间，在长期的居家隔离状态下，这种组合形式可以满足同一时期居民的各种需要，而且功能更加全面。

在加强户内空间功能复合的同时，需要通过微设计提升基本功能的配置，在突发公共卫生事件下，居民对于户内各功能有了更高的要求。起居—餐厅—客厅一体化可变相增加厨房使用空间，解决该空间储存空间不足的问题。同时，应该提升对阳台空间的重视，阳台作为户内生活的辅助空间，在疫情之下可发挥更大作用，对阳台进行生态景观设计，使普通阳台转变为景观阳台，形成户内休闲空间，可更好地消除居家隔离期间居民的压抑情绪。

灵活隔断主要表现为在户内空间中通过轻质隔断如墙、收纳柜、书架、布帘等完成空间联系与分隔的转变。在传统住宅建筑中，多采用实体墙对户内空间进行分隔，户内空间可变性较小、灵活性较差、空间利用率较低。为提升户内空间的功能复合性，住宅建筑户内可采用局部分隔、绝对分隔或弹性分隔等方式提升户内空间灵活性及利用率。空间内的灵活性隔断就是根据居民的需求通过对空间的分隔与合并完成空间内的相互转移与借用。

在既有住宅建筑中，通过折叠门、可移动墙体和可移动收纳柜的布置完成户内空间的灵活转变，可扩大起居室空间，形成封闭玄关，以利于家庭防疫，通过可移动收纳柜的布置形成独立空间以达到户内空间的灵活可变，满足居民需求。同时，可移动墙体的布置可和纳柜复合设计，减少户内墙体面积的同时增加贮存空间，功能性及灵活性更强（图6-3）。

在水平维度提升空间功能复合性方面还可采用"半房间"方式，即置入隔断形成封闭小空间以满足居民新的需求。"半房间"的置入可根据家庭不同阶段和居民不同需求设置。在户内空间中，多存在靠近卧室或起居室且较为开敞的空间，可利用轻质隔断形成新的空间。利用主次卧室之间的"半房间"空间，隔断形成次卧、卫生间和书房等功能空间，以满足居民日常及突发公共卫生事件时的不同需求（图6-4）。

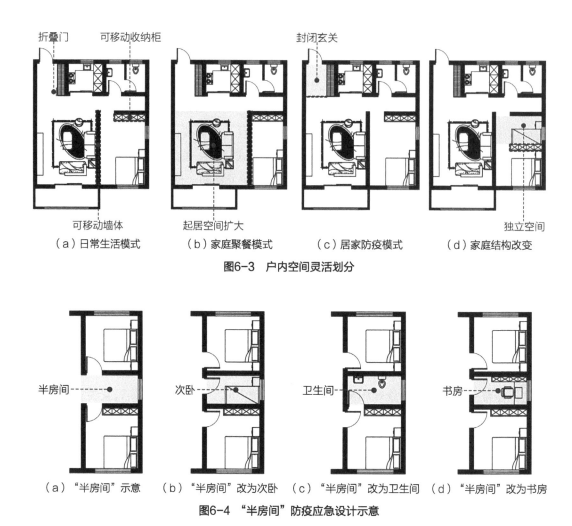

折叠门　可移动收纳柜　　　　　　　封闭玄关

可移动墙体　　起居空间扩大　　　　　　　　　独立空间

（a）日常生活模式　　（b）家庭聚餐模式　　（c）居家防疫模式　　（d）家庭结构改变

图6-3　户内空间灵活划分

半房间　　　次卧　　　卫生间　　　书房

（a）"半房间"示意　（b）"半房间"改为次卧　（c）"半房间"改为卫生间　（d）"半房间"改为书房

图6-4　"半房间"防疫应急设计示意

　　垂直方向的空间复合使用，是空间功能复合设计容易忽视的方面。居民于户内活动多以水平维度展开，对垂直方向空间的使用较少。

　　近地面空间首先可采用架空的形式，利用架空部分形成复合空间，用来集成管线或者形成储物空间。在该空间内可利用家具内部空间形成储物空间，利用多功能家具完成不同时段的功能空间转换，例如隐形床具与墙面收纳柜复合布置，在不需要"睡眠"功能时，主要表现为收纳空间，在需求转变时，该空间由收纳空间转变为休息空间。在户内顶部空间，多置入储物柜以扩大户内贮存空间，满足居民日常及突发公共卫生事件下的储物需求。

　　户内空间的功能空间整合、灵活隔断和封闭"半间房"三种方式可实现空间功能的复合性设计，是解决户内空间灵活性较差、面积比例失衡等问题最为有效且直接的方法。同时，结合功能复合型家具的使用，满足居民对于不同需求的满足，创造丰富且有趣的空间，实现空间功能使用的最大化。

6.2.2.3　时间的功能复合使用

在户内空间的设计及利用中，时间应与空间作为整体进行考虑，进行空间功能"重"与"兼"的设计，以达到提升空间功能复合的目的。一般来说，居民睡眠、学习、餐厨、健身、休闲等活动不会在同一时间段进行，以此为基础，在同一空间中，可利用居民活动的"时间差"进行功能复合，实现空间内的复合使用。户内起居空间的使用中，可以根据居民活动的时间差，满足起居、工作、休闲等需求，在餐厅空间中，除去就餐时间外，餐桌多闲置，可错峰利用该空间进行学习、工作，满足突发公共卫生事件之下居民对于学习、工作空间的需求。该种形式的空间功能转变一般利用家具布置的转变完成，而不需要改变建筑结构与空间本身，在突发公共卫生事件之下，易于满足居民基于疫情产生的新需求。

6.2.3　优化户内布局，提高布局灵活性

6.2.3.1　卫生间布局

户内卫生间作为居民日常梳洗的空间，在突发公共卫生事件之下不可忽视其应急设计。

首先，应做到卫生间空间的全面、定期消杀。在卫生间的地漏排水中，应选择"U"形水管，使水封成为阻断同一栋楼的病毒传播屏障，避免"淘大花园"事件再次发生。卫生间作为户内居民使用频率较高的空间，是防疫的短板空间。由于早期设计不足及出于经济性的考虑，在部分住宅建筑中，卫生间设计为"黑房间"，采光、通风质量较差，容易滋生细菌，不利于居民居家防疫的安全。因此，需对卫生间空间进行定期且全面的消毒杀菌，提升卫生间环境质量。

其次，双卫设计已成刚需。随着居民对于疫情的重视，户内单卫设计已无法满足居民的防疫需求，户内两卫的布置已成为日后户内空间设计的基本配置。双卫的布置，可以布置一卫生间为公共卫生间，一卫生间为私用卫生间，有效区分主客用卫生间。在突发公共卫生事件时，双卫生间的设置，易形成功能较为完备的隔离空间，确保居民居家安全。

最后，卫生间应尽量做到干湿分离或三分离。卫生间承担居民清洁、淋浴、便溺、消杀等功能。在卫生间的布局中，多功能布置在同一空间中，未进行干湿分离，卫生间长期处于潮湿状态且使用率较低。为避免居民使用冲突，卫生间布置需做到干湿分离或三分离，对卫生间空间进行隔离划分，做到干湿分离，即以洗手为主要功能的干空间与以淋浴为主要功能的湿空间进行分离，在这种模式下，淋浴区与坐便合并布置（图6-5）。故可进一步划分，将淋浴与坐便分离，形成三分离的卫生间布局，方便居民使用的同时，可保持除淋浴空间外其余空间的地面干燥，减少细菌滋生，利于卫生间空间的清洁消杀，提高居民居家舒适性。

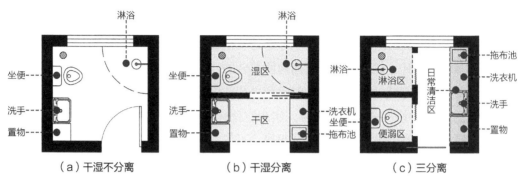

（a）干湿不分离　　　　　（b）干湿分离　　　　　（c）三分离

图6-5　卫生间防疫应急设计示意

6.2.3.2　隔离空间布局

在突发公共卫生事件时，居民居家防疫时需要设置隔离空间，以备不时之需。可选择户内近端或远端房间作为隔离空间，减少隔离居民与未隔离居民的流线交叉。在隔离空间的布局中，该区域应满足隔离人员的休息、梳洗、休闲等需求。在隔离空间内利用入口空间布置为前室，满足居民防疫隔离和送饭送水等需求，实行隔离分餐，同时减少居民之间直接接触的机会；应设有单独的卫生间，满足隔离居民的日常生活需求；在隔离空间内需进行机械排风，使隔离空间长期为负压区，避免该空间内空气倒流进入其他空间；隔离空间应尽量设置阳台或扩大开窗面积，保证该空间的日照充足，营造舒适的环境，以缓解被隔离居民的消极情绪，助于其恢复健康（图6-6）。

图6-6　隔离空间设计示意图

6.2.3.3　户内流线布局

居民的行为以空间布局为依据，通过串联分析发现，住宅建筑户内日常生活流线主要为家务流线、家人流线和访客流线三种。家务流线常与厨房空间布局有关，应注重改变空间各功能的组织顺序；家人流线多与户内卧室、卫生间、学习空间等较为私密空间的布局相关，同时注意各个功能空间转换的流线交叉问题；访客流线多与玄关空间及起居空间布局相关，应注意该流线与家务及家人流线的区分，注重户内私密性的保护。

在家务流线方面，其主要与厨房的布置相关，厨房功能可概括为储存、清洁和烹饪三大部分，为缩短居民家务耗时、减轻家务负担，厨房布局应按照储物柜、冰箱、洗涤槽、炉具的顺序布局，可以缩短家务流线，方便居民使用。同时，厨房的布局应与餐厅临近，且避免厨房至餐厅的流线与其他功能区流线交叉，保证该流线的独立使用。在家人流线方面，需组织安排户内私密空间的转换与使用，可在主卧室设置独立卫生间，方便居民生活且提升居住品质，同时应靠近次卧排布卫生间，以便户内其他居民使用，这样可以在保证使用私密性的同时，满足基本需求。在访客流线方面，其应独立于家务与家人流线，该流线主要连接入户玄关与户内起居空间，流线设计需短且便于使用，以保证其他空间使用的私密性。

在突发公共卫生事件下，除注重家务、家人和访客三种流线外，更要注重防疫流线的合理规划。在现有的住宅建筑中，户内空间及流线的设计多未考虑防疫需求，在现有情况下，需进行户内防疫流线规划以组织户内防疫布局。在入口玄关处需增设疫情防护设备与消毒物品，需按照居民换衣、换鞋、收纳、清洁等需求进行功能排布；在户内防疫流线中，普通居民应按照玄关、起居室、卫生间、卧室的前后次序进行布局，以满足居民简单消杀、二次消杀、全身清洁、娱乐休闲、放松休息的行为流线；隔离空间应按照简单消杀、全身清洗与日常生活的防疫流线进行布局设计，同时增加空间使用间隔，避免隔离居民与非隔离居民直接接触或同时使用同一空间，以合理安排居民户内防疫流线，保障居民安全（图6-7）。

遵循以人为本的基本原则，根据居民行为模式逻辑进行户内空间布局，方便居民日常生活且为突发公共卫生事件下的生活提供保障。在户内空间布局时，要保证各功能的独立性且增进空间之间的转换与联系，避免空间功能的嵌套与混乱。同时，依据"公私分区、洁污分区、动静分区"的原则进行户内空间布局优化，提升居民在户内空间的使用舒适度。依照空间布局形式进行各流线的组织排布，确保户内流线的合理布置，整合户内有限空间，提升空间的利用率，以满足居民更加多元的需求。

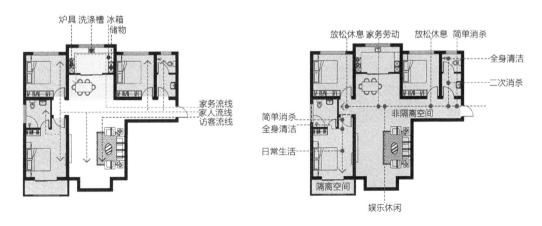

图6-7 户内流线设计示意图

6.2.4 改善户内通风采光，提升居住质量

6.2.4.1 户内通风

在面对突发公共卫生事件时，良好的自然通风形式利于户内形成适宜的温度与湿度，有助于户内空气的流通更换，与居民健康息息相关。

提升户内通风质量，首先要在建筑设计建造时选择合适的建筑朝向，根据地形与夏季主导风向，选择合适的风向入射角，在住宅建筑群体布局时，形成良好且经济的通风环境。其次，应合理安排建筑密度与间距，建筑密度高和间距小会提高住宅建筑的经济性，同时也会影响建筑的通风，应在考虑建筑经济的基础上，适当增加建筑间距，但不可盲目增加间距，应结合住宅建筑高度、建筑体形等多种因素确定建筑布局形式。

在户内平面设计层面，厨房与卫生间空间存在通风质量较差，甚至倒流进入户内其他空间的情况。若要提升户内的通风质量，可从选择分离式交通核、设置合适的进风口与出风口、选择合适的进风口形式、窗户除菌四方面考虑。

在住宅建筑设计时，一梯多户的布置极大地提升了楼梯空间的利用率，但是在一梯三户、一梯四户的平面布置中，中间户型往往只占据单一朝向而影响户内空气流通，不利于防疫。为改善此类情况，可采用分离式交通核，将所有户型进行南北通透设计，极大地降低交通核部分发生交叉感染的概率。

在户内平面风路设计中，应尽量使进出风口对应，在满足规范最低标准的基础上应适当加大通风面积，减少户内空气的迂回路程。同时，设置风机，将厨卫空间及隔离空间通风路径与户内其他空间分离，以免空气倒流。

不同窗户的开启方式对户内通风质量的影响也是不同的，研究发现，对于住宅建筑来说，能覆盖人体活动范围的平开窗通风效果最好，但可以根据不同需求，结合内平开窗、内开上悬窗、内开下悬窗和中悬窗等不同形式，进行组合布置，以达到户内通风效果。

在住宅建筑中，居民多注意入户空间的防疫，窗户作为户内空气交换的主要出入口，同样也需做好防护措施。窗户在承担空间流通的功能之外，同时需要对空气进行过滤，在突发公共卫生事件之下，居民对于除菌窗户的需求也更加强烈，其能很好地保护居民居家安全。应避免窗户直接开启，使用纱窗对窗户进行覆盖而后进行开窗通风，并定期清理消毒，可有效提高窗户通风的安全性（图6-8）。

6.2.4.2 户内采光

在面对突发公共卫生事件时，居民往往会出现巨大的心理波动，出现惊慌失措、恐惧、焦虑、崩溃等一系列负面情绪，户内良好的采光可有效缓解居民负面情绪，因此更要注重户内采光质量。

窗户增设除菌装置

厨房独立通风循环

厨房独立通风循环

隔离空间独立通风循环

扩大开间

起居空间通风循环　　卧室空间通风循环

图6-8　窗户防疫应急设计示意

在调研中，发现在早期建设的住宅建筑内多存在采光质量不佳使家具潮湿发霉的情况，户内舒适宜居性较差。提高户内采光质量，首先应保证住宅建筑之间合适的楼间距，使户内空间得到充足光照，还可扩大建筑开间，将户内由竖厅变为横厅，扩大建筑采光面，同时利于通风。其次，确保窗户的通透，清除、整理遮挡窗户的闲置家具与设备，保证窗户的正常使用和自然光线正常进入户内。最后，在户内轻质隔断上可依据需求，在保证私密性的基础上进行窗洞设计，使自然光线进入空间，也可使用透光但不透明的玻璃墙或其他材质的隔断代替混凝土墙体，形成更加通透、明亮的户内环境。对于未增设窗洞的暗室及暗卫，需靠人工照明的方式进行补救以解决采光问题，但人工照明较于自然采光舒适度较低且不节能环保，因此在之后的户内空间设计中应尽量避免此类情况。

户内通风、采光与居民日常生活和突发公共卫生事件下的居家防疫生活质量直接相关，需在住宅建筑的前期设计中综合考虑户内通风、采光环境的营造，通过合理、规范的设计避免压抑潮湿的户内空间，建设通风顺畅、采光良好的居住环境。

6.3　单元公共空间防疫应急优化设计

单元公共空间作为户内外空间的转换与过渡空间，在突发公共卫生事件时，该空间主要承担交通功能。单元公共空间作为住宅建筑的一部分，是居民日常交通的关键节点，在疫情之下应给予高度重视，提升该空间的防疫设计，有助于降低居民交叉感染的可能性，保护居民的安全。

6.3.1 单元入口空间分散人流，减少人流交叉

6.3.1.1 规划非机动车辆停放区

单元入口空间作为居民进入住宅建筑的空间，在突发公共卫生事件时，整体防疫应急设计较差。居民多利用该空间进行非机动车辆的停放，但由于缺乏对此类空间的规划，非机动车辆的停放多杂乱无章且影响居民正常出入，且无法做到统一管理，存在防疫之下的消杀漏洞（图6-9）。

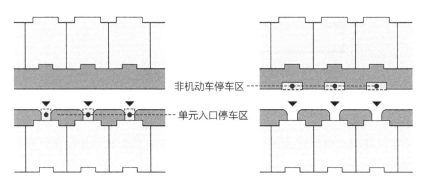

图6-9 非机动车停放区示意

利用住宅建筑之间的绿化用地作为非机动车辆停放区，并采用镂空植草砖进行铺装，在设立停车区的同时减少对绿化用地的侵占。通过非机动车停放区的设立，对单元入口空间交通进行组织，避免车辆停放的杂乱无章影响居民正常出行，同时避免居民利用楼梯间空间存放非机动车的现象，保证居民出行的通畅性。且集中放置的非机动车辆便于小区管理人员进行消毒杀菌，降低接触感染的风险。

6.3.1.2 提升单元入口防疫应急设计

依据调研，在住宅建筑的设计中，单元入口空间主要分为两种类型：未设有单元门和设有单元门。未设有单元门的住宅建筑入口空间开敞，在突发公共卫生事件下无法区分人流，做到有效防疫；设有单元门的住宅建筑中，大多采用刷卡、钥匙、密码等形式对单元门进行开启，虽然可以区分不同单元的居民，但是增加了居民交叉感染的风险。

针对此类情况，需增设新型单元门，把控外来居民进入住宅建筑的流线，同时增设人脸或虹膜识别等先进装置，配合电动单元门的设置，实现"无接触"式单元门设计，避免该空间的接触传播与感染。同时，在多层单元入口空间设置人体温度测量装置，对进入单元空间的居民进行体温检测，对于体温异常的居民进行识别以便进行检查隔离，降低居民之间的传染风险。

部分住宅建筑为提高该空间的使用效率，多复合信报箱等功能，为减少居民聚集且

方便使用，可设置嵌入式智能收纳柜，既可实现居民对于小型物品的无接触收发，又很大程度地减少了居民之间的接触，提高了居民居住的安全性。

6.3.2 提升交通空间防疫能力，切断传播途径

6.3.2.1 楼梯间与电梯间

1. 楼梯间

1）住宅楼梯空间

楼梯作为住宅建筑内的垂直交通空间，是居民出行的必经区域，在突发公共卫生事件下，楼梯间的防疫设计关系到居民的自身安全。在楼梯间的防疫中，可从清洁空间、定期消杀和提升防疫意识三方面入手。

首先是提升楼梯空间的清洁度，楼梯间作为居民日常使用的公共空间，除承担交通功能外，也多成为居民存放生活垃圾、搁置废弃生活用品、停放非机动车辆的场所。但楼梯间的存放物加大了该空间的消杀难度并侵占交通空间，不利于居民正常出行，易于病毒与细菌的滋生。面对此类情况，需保持楼梯间的干净卫生，阻断病毒、细菌的传播。同时，需要做到对楼梯空间的定期消毒杀菌，楼梯间作为公共交通空间，居民在日常及突发公共卫生事件时都会频繁使用该空间，为保证该空间的正常使用，需对该空间进行定期清洁。在疫情发生时，需增加消毒杀菌的频率，降低居民交叉感染的风险。最后，应该提升居民的防疫意识。在调研中发现，少数居民多有在楼梯间内吸烟且随意丢弃烟头等行为，此类行为延长了居民在公共空间的停留时间且降低了楼梯空间的整体环境质量，不利于疫情下的防疫。居民防疫意识的不足可能会导致疫情防控的破坏与崩溃，故应加大宣传力度，提升居民防疫意识，共建防疫防线。

2）高层住宅楼梯空间

在高层住宅中，楼梯通常起到安全疏散的作用，在日常生活中除了底层住户会选择楼梯进出家门外，高层住户很少会使用到楼梯。楼梯作为建筑中除了电梯以外的垂直交通方式，在发生紧急情况例如火灾地震等自然灾害时，便成了高层住宅住户唯一的入户方式。笔者通过查阅资料发现，高层住宅中随着楼层层数的增加，不同类型的高层住宅其楼梯间、电梯间的设计要求也不同。其中，10层至11层的高层住宅，建筑规范中要求设置一部电梯和一个开敞楼梯间；12层至18层的高层住宅要求设计两部电梯（其中一部为消防电梯）和一个封闭楼梯间；19层至24层的高层住宅要求设计两部电梯（其中一部为消防电梯）和两个防烟楼梯间（图6-10）。

对于高层建筑而言，楼梯的主要形式分为两类，一类是平行双跑楼梯，另一类是剪刀楼梯，平行双跑楼梯与剪刀楼梯之间的对比如表6-1所示。高层住宅中的楼梯间应上下直通，不应变动位置，因为如果遇到紧急突发情况等灾害时，对于逃难的住户而言如

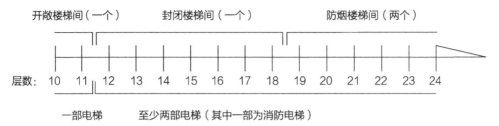

图6-10   规范对楼梯、电梯数的要求
（资料来源:《住宅精细化设计》）

果找不到楼梯可能会耽误疏散时间，甚至让人无法逃离灾害现场。并且，楼梯间的位置应当非常明确，最好是紧邻各住户的入口空间同时减少住户间的相互干扰，以保证交通联系路线简洁和通畅。对于高层住宅中楼梯间的对比如表6-2所示。

高层住宅楼梯形式对比   表6-1

	平行双跑楼梯	剪刀楼梯
楼梯形式	此种楼梯由于上完一层楼刚好回到原起步方位，对于标准层而言每一层楼梯形式一样，也是常用的楼梯形式之一	同一楼梯间内设相互交叉、空间又不相通的单跑楼梯
适用范围	单元式住宅：十八层以下每层不超过8户，建筑面积不超过650m² 的塔式住宅	在塔式住宅中设置两座独立楼梯，有困难时可满足双向疏散要求
设计要求	根据防火要求不同可设为防烟楼梯间或封闭楼梯间	应设为防烟楼梯间，楼梯段应设置耐火极限不小于1h的实体墙分割；剪刀楼梯间应分别设置前室，有困难时可设置一个前室，但两个楼梯应分别设置加压送风系统
疏散特点	疏散方向明确	楼梯上下层的方向性稍差，但相对其他形式的楼梯节约面积
常见尺寸	（2.6~2.8）m×（5.1~5.4)m	（2.6~2.8）m×（7.2~7.8）m
楼梯间示例	![平行双跑楼梯示例]	![剪刀楼梯示例]

高层住宅楼梯间对比   表6-2

	封闭楼梯间	防烟楼梯间
设置范围	①不超过32m（指11层及以下）的普通住宅（二类建筑），主要指单元式及通廊式高层住宅。 ②12层至18层的单元式高层住宅	①高级住宅、19层及以上的普通住宅（一类建筑）。 ②塔式住宅。 ③超过11层的通廊式住宅
设置要求	①楼梯间应靠外墙设置，并能直接天然采光和自然通风；当不能直接天然采光和自然通风时，应按防烟楼梯间的规定设置。 ②楼梯间应设乙级防火门，并应向疏散方向开启。 ③楼梯间的首层紧接主要出口时，可将走道和门厅等包括在楼梯间，形成扩大的封闭楼梯间，但应采用乙级防火门等防火措施与其他走道和房间隔开	①楼梯间入口处应有防烟前室、阳台或凹廊。 ②前室设置要求： a. 面积：居住建筑防烟楼梯间与消防楼梯间的前室可以分设或合设，分设前室面积不应小于4.50m²，合设前室面积不应小于6.0m²。 b. 防火门的设置：前室与防烟楼梯间的门应为乙级防火门，并应向人流疏散方向开启。 c. 疏散楼梯间与防烟楼梯间、消防楼梯间的前室内墙除疏散门及特定情况下设乙级防火户门外，不可设其他门窗洞。 ③防烟与排烟： a. 当防烟楼梯间前室或合用前室可利用敞开的阳台、凹廊和不同朝向可开启的外窗时，宜采用自然排烟方式，该楼梯间可不设防烟设施。 b. 靠外墙的防烟楼梯间每5层内可开启的外窗面积之和不小于2m²时，防烟楼梯间可自然排烟，而前室或合用前室不具备自然排烟条件时，前室应设置独立的加压送风防烟设施。 c. 当防烟楼梯间与前室不具备自然排烟条件时，应在以上部位设置独立的机械加压送风设施

3）防疫应急优化设计

对于楼梯的防疫应急优化设计，在不同楼梯形式下，都应注意楼梯的通风环境。内置通风井并采用机械排风的楼梯更不易传染和残留病菌。此外，在疫情期间设有窗户的楼梯间有利于户内通风，降低空气污染浓度。并且，对于楼梯的卫生防疫工作应该加强。对于楼梯的防疫应急设计很难对既有的高层住宅进行设计改造，高层住宅小区的物业管理应该重视起楼梯的每日消杀工作，对于楼梯扶手应当特别进行消毒处理（图6-11）。

2. 电梯空间

1）基本情况介绍

对于高层住宅而言，电梯是人们日常出行最主要的运输工具。其中，电梯的数量与电梯的服务水平和经济效益有关，这主要涉及住宅的层数及户数。根据上文所述，18层以下每层小于8户的高层住宅，需设置2部电梯，18层以上，或者每层8户和8户以上的高层住宅，需设置3台电梯，其中有一台必须兼作消防电梯（表6-3）。

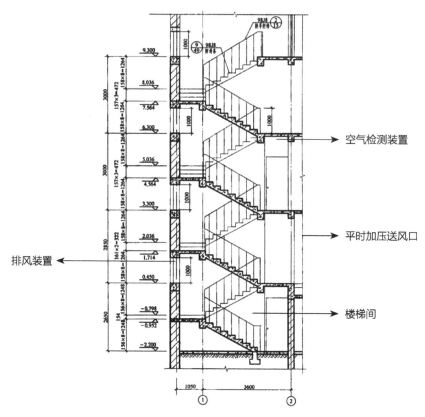

空气检测装置

平时加压送风口

排风装置

楼梯间

图6-11 楼梯间防疫应急优化设计

电梯井尺度选用类型　　　　　　　　　　　　　　　　　表6-3

额定载重 （kg）	可乘人数 （人）	轿厢净宽 （mm）	轿厢进深 （mm）	井道内宽 （mm）	井道内深 （mm）	备注
800	10	1100	1700	1700	2200	
800	12	1400	1350	1850	2000	
900	12	1600	1350	2200	2000	
1000	13	1100	2100	1700	2600	可容担架
1000	13	1600	1500	2200	2120	
1000	15	1800	1500	2100	2150	

资料来源：《A级住宅——单元平面系列》。

　　有研究指出，相对密闭的电梯井道空间内，存在着病毒密度大、不易失活的传播风险。电梯井道内高浓度的传染性病毒的微生物气溶胶随着电梯的往复运动极有可能通过电梯井道与封闭前室的缝隙挤压进入前室，加速病毒通过垂直通道向整栋住宅传播的可能性，很容易引起居民的交叉感染。因此，对于高层住宅，电梯的应急防疫优化设计尤为重要，应当作为高层住宅入户单元门厅后的"第二道防线"。

2）防疫应急优化设计

对于电梯间的防疫应急设计有两种途径，一种是在未来的高层住宅设计之初便增设一台用于防控疫情的电梯（可以容纳担架并且通风速率高），类似于消防规范中的消防电梯，另一种则是在原有住宅中电梯的基础上进行通风改造，加强电梯内部空气的流通速率。

电梯封闭前室的通风系统通常由送风机、风道和送风口组成，同火灾时防烟加压送风系统共用送风管井，从而组成共用的送风系统，不增加占用电梯间的空间。送风机的位置设置在屋面上，通过共用送风管井将室外空气送入封闭前室，并且在建筑每层的封闭前室合适位置设置疫情期间通风用的送风口。电梯轿厢上设置排风扇，可以将内部空气排出至电梯井道里，用来防止轿厢内的污染空气进入到封闭的前室中。电梯内的井道设置为下部自然通风和上部机械排风的方式，把井道内污染的空气排到室外，保证电梯井道内部是负压状态。在此期间，电梯前室的通风系统，能够实现电梯封闭前室的压力大于电梯轿厢，进而大于电梯井道，系统控制如下：平时使用期间，电动送风口和送风机保持开启状态，各封闭前室防烟正压送风口常闭，防烟风机关闭；出现火灾时，各前室平时送风机与送风口关闭，火灾层及上下两层的防烟加压送风口开启，防烟加压送风机开启。在疫情期间送风机低速运转，防烟加压送风机高速运转，用来确保电梯间内部空气干净（图6-12）。

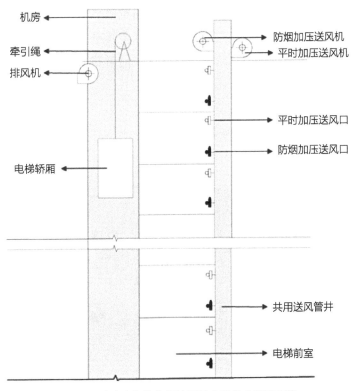

图6-12　防疫应急优化设计后的电梯前室通风系统

6.3.2.2 公共走道与入户前区

1. 公共走道

1）基本情况介绍

公共走道在廊式及塔式住宅中发挥着重要的水平疏散作用，是高层集合住宅中重要的水平交通空间。对于内廊或外廊式住宅来说，其中的公共走道则是联系楼层住户的枢纽，它不应该只是个单纯的交通过道，而应该承担楼层居民必要的活动和交往作用等。消防规范中高层住宅走道的净宽度不应小于1.2m，通常走道两侧墙的中距在1.5～2.4m之间，并且在实际的设计

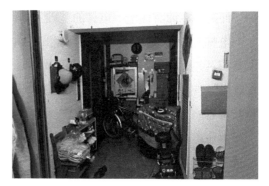

图6-13 公共走道区域被严重占用

过程中应避免入户门开向前室。笔者通过走访调研发现许多高层住宅的住户由于户内入户过渡空间面积不足，常常私自占用公共走道等区域，造成走道拥堵等现象。高层住宅中的公共走道由于户型布局导致采光受限，常常采用人工照明。此外，对于狭长的公共走道空间，其自然通风程度也常常被人们忽视（图6-13）。

2）防疫应急优化设计

公共走道区域不宜设置过多的功能，以防占用走道空间而减弱其疏散上的职能。对于公共走道最优防疫应急设计应该是在最大程度保留其原有职能的基础上增加光照和通风设施，有条件的可以增设智能化设备在住户入户前对其进行消毒与身体健康检测，公共走道的防疫应急设计如图6-14所示。

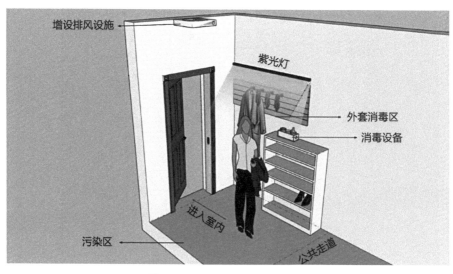

图6-14 公共走道应急优化设计

2．入户前区

在面对突发公共卫生事件时，已建成的住宅建筑存在多方面的防疫应急设计缺位。在户内玄关空间未设计和设计不足时，为提高居民防疫效果，可增设居家防疫时的门外消毒即入户消毒空间，利用住户门与单元公共空间形成消杀区域，将病毒阻隔在户内空间之外。

入户消毒区的防疫应急设计应进行分区设置，增设换洗、消毒等功能，利用入户消毒区进行防疫设计以形成疫情下居家防疫的第一道防线，阻断户内外空间病毒的传播途径，避免病毒进入居民日常起居空间，降低交叉感染风险。在日常生活中，入户消毒区可作为户内外空间的过渡区，形成居民日常生活的防护屏障，提升居民生活品质。

对入户消毒区的防疫应急设计提升，需根据居民出入户行为逻辑，对该空间进行区域划分，以提升防疫消杀效果。在日常生活中，入户消毒区可简单承担居民换衣、换鞋、放置包、雨具等功能，在突发公共卫生事件之下，则需要增设清洁及消毒的功能。根据居民出入户内空间的活动性质，可将入户空间分为消毒、置物和安全三个区域（图6-15）。

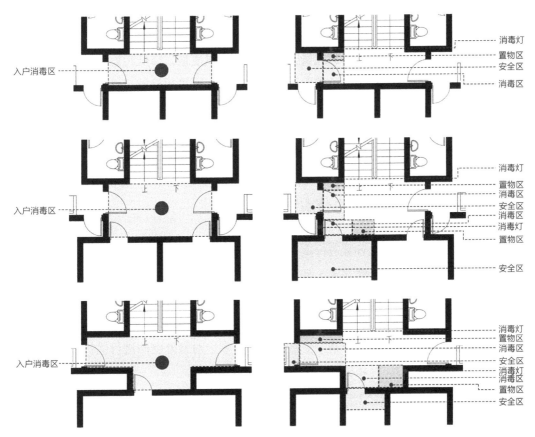

图6-15　入户消毒区防疫应急示意

消毒区主要承担居民更换、悬挂衣物等功能，并对外套进行消毒，由于鞋底也会携带病毒与细菌，需对鞋底进行消毒，同时设置垃圾桶，用于放置口罩、手套等垃圾；半污染区主要承担简单置物、消杀的功能，由于入户消毒区为室外空间，不易置入洗手功能，因此在置物区可放置免水洗手液、酒精等物品进行入户前的简单消杀；安全区为户内玄关空间，主要承担居民再次消杀的功能。在该空间，居民可进行简单清洗，利用酒精、碘伏等再次进行消毒，以保证居民健康与安全。同时，在入户消毒空间设置消毒灯，提升突发公共卫生事件的防疫质量。

6.3.3 压差隔离病毒，提升通风质量

单元公共空间作为居民频繁往来的空间，其内若空气流通不畅，极易成为突发公共卫生事件下居民交叉感染的高发空间。感染病毒的患者在该空间咳嗽、打喷嚏、触摸楼梯间扶手等行为，都为病毒传播及居民交叉感染提供了场所与可能。为降低此类事件的发生概率，除定期进行喷洒酒精等消毒液消毒杀菌外，同时应该加强对单元公共空间通风质量的重视，通过良好的通风降低病毒浓度以提升居民居住安全性。

为提升单元公共空间通风质量，保证有效通风换气，可采用自然通风或机械通风两种方式。在自然通风方面，应保证楼梯间窗户的长时间开启，且在允许范围内扩大楼梯间开窗面积，以期增大此空间的通风量，提升自然通风质量，降低污染物浓度。在自然通风质量较差或无法进行自然通风的单元公共空间内，可采用机械通风方式，通过排风系统的置入，在户内空间与单元公共空间形成压差，降低病毒浓度的同时，阻隔公共区域空气进入到居民户内，以达到阻断病毒扩散传播的目的，提高防疫效果。

6.4 室外空间防疫应急优化设计

小区室外空间作为居民日常进行室外活动的场所，同时承担了联系居民与外界环境的功能。在突发公共卫生事件之下，基于居民居家防疫的需求，室外空间更成为居民进行休闲活动的主要场所空间。但是住宅建筑室外空间由于设计不足等原因，多存在流线不畅、公共空间质量较差、公共设施陈旧及绿化环境较差等问题，无法满足居民需求。因此，应结合居民日常与突发公共卫生事件下的需求，对室外空间进行优化提升，以创造舒适、美观、适用的室外环境，提升居民整体居住品质。

6.4.1 规划内部流线

在小区内，流线的设计布置与居民日常出行路线相关。随着社会的进步和居民生活水平的提高，居民对于住宅建筑提出了更高的要求。若流线规划不合理，在日常生活中，会造成居民出行交通不便的情况，在突发公共卫生事件下，流线的交叉与不合理不利于整体疫情的防控，容易造成防疫安全隐患。

6.4.1.1 人车流线

在车行与人行流线方面，住宅小区多采用人车混行模式，且随着机动车数量的增加，路面停车空间挤压整体道路空间，内部车辆容易拥堵，同时也为居民步行带来安全隐患，整体交通与流线环境质量较差。在车行与人行流线提升方面，主要可采取两种措施：地下停车与地面停车。

在地下停车方面，为解决住宅小区地面人车混行的问题，可通过设置地下停车场解决地面停车问题，但是这种情况成本较高且较难实行，故不重点考虑。

在地面停车方面，小区内交通流线可通过优化梳理交通流线、调整道路宽度、创新停车方式等方法，综合小区既有结构、出行特点及实际需求等多方面要素，对内部人车流线进行系统化布局与提升，以实现交通流线通畅、人车分行和停车增量的目标。

首先，对住宅建筑楼间空间进行重新组织，完成交通流线的梳理，在现有的内部道路上，为保证交通流畅，可采用机动车单向通行的方式，设置"一进一出"两个机动车出入口，形成完整的小区内部机动车环路，在缩减机动车道路宽度的同时，可减少小区内的错车与回车。在靠近住宅建筑单元入口的一侧设置为人行道，相对的另一侧设置为车行道，结合绿化空间设置路边停车带，使停车空间临近车行道，方便机动车辆的停放。在车行道与人行道之间，可通过设置绿化隔离带、护栏等形式进行道路划分，也可采用不同材质铺装以区分车行及人行道路。

其次，对内部道路宽度进行调整，以提高整体流线的通畅性。在小区中心空间及主要道路上，可拓宽道路幅度，设置为双向车道，增加道路的机动车通行量，确保机动车的正常行驶。在道路的拓宽中，应保证双向车道的宽度不低于4.5m，单向车道的宽度不小于3m，以满足正常使用的最低标准。

最后，需对停车方式进行创新，提升停车位数量。常用的机动车停车位形式主要有平行式、垂直式和斜列式三种，如图6-16所示。其中，平行式所需空间较小，适用于路幅较窄的道路，但提供的有效停车位较少；垂直式则需要较大的空间，但提供的车位较多，适用于路幅较宽的道路；斜列式各方面居于前两种方式之间，属折中方式。除采用常见停车方式外，还可采用立体停车等方式以提高空间利用效率，增加停车数量。在停车空间的设计中，可采用植草砖等铺装形式，作为小区内绿化的延伸，以提升小区整体质量。

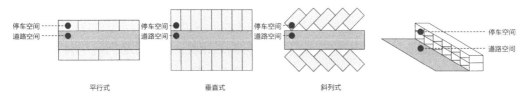

图6-16　停车形式示意

6.4.1.2　垃圾流线

在流线的设计与规划中，除提高居民生活的方便性外，还应注重居民对于安全与舒适的需求。在垃圾流线的处理上，若出现流线不合理，则会影响居民使用的舒适性，尤其是在突发公共卫生事件之下，垃圾流线的不合理易造成病毒与细菌的感染，不利于疫情下的居民安全。

在多数小区的垃圾流线中，其运输路线多与居民日常生活流线重合，加大了垃圾"二次污染"的风险。因此，为减少垃圾运输对居民的影响，单独设置垃圾出入口，与居民出入口分离，减少垃圾流线与居民生活流线的交叉，并对垃圾流线进行严格的消杀。在突发公共卫生事件时，还需增加消杀的频次，以确保垃圾流线的干净卫生。除流线交叉外，垃圾运输的时间段多与居民上下班时间重合，应解决此类问题，可提前或延后垃圾运输时间，与居民主要生活时间错开，减少交叉，保护居民安全。

6.4.2　改善活动空间

住宅建筑公共空间是居民进行物质与信息交流的重要场所，是影响居民宜居性的重要指标，很大程度地决定着居民对居住环境的印象。公共空间因设计而存在，早期的住宅建筑小区多利用住宅楼之间的空间形成块状及带状公共空间，此类空间多被杂物或绿化侵占，形成分散公共空间，质量较差；小区内还有利用大面积场地和建筑形成的集中公共空间，但设计较差，不利于居民的高质量需求，已形成消极空间。

6.4.2.1　分散公共空间

在室外空间中，楼间空间及道路拐角空间是居民最易进入的公共空间，但是往往设计不足，形式较为单一，成为消极空间，造成空间的浪费与居民使用不便。在此类空间中，可对低效边角空间进行设计提升，使消极空间转变为积极空间。

分散公共空间靠近住宅建筑，面积较小但覆盖面较足，对该空间进行有效的防疫应急设计，可方便居民的室外休闲活动。在早期建设的多数住宅建筑中，居民往往只能利用建筑间的带状空地作为公共空间进行室外休闲活动，可利用道路交叉空地等块状分散公共空间进行口袋公园建设。口袋公园呈斑块状分散在小区内部，作为小规模的公共开放空间。此类空间在建设完成度较高的区域内具有选址灵活性、适应性强的优点，且对于空间紧张的区域可进行灵活布置。分散式公共空间的口袋公园模式提升可极大地丰富原有空间功能，对原有公共空间的质量增补具有重要的意义。且整洁的口袋公园空间较之之前杂乱、设计不足的空间可有效减少病毒与细菌的滋生传播，于居民健康有利。

对建筑间空地等带状分散公共空间的改造可以营造街巷活动空间为目标。在带状公共空间的防疫应急设计提升中，需先对空间进行清理整合，将居民堆放在此空间的杂物、违法建构筑物等进行清理拆除，对空间进行整合，形成较为连续完整的带状空间；其次，对建筑楼梯、单元门牌进行修补，明确带状公共空间范围；再次，依据居民的实际需求，对此类空间进行休闲及娱乐设施的维修及安装，活化公共空间；最后，在空间内增设趣味小品及景观绿化，丰富空间形式，达到营造街巷公共空间、提升户外休闲和公共交往空间的效果。同时，注重设施排布的间距与公共空间的定期管理与消菌杀毒，保障居民日常与突发公共卫生事件下的使用安全性（图6-17）。

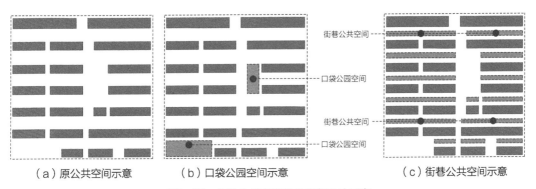

（a）原公共空间示意　　　（b）口袋公园空间示意　　　（c）街巷公共空间示意

图6-17　分散公共空间防疫应急设计示意

6.4.2.2 集中公共空间

世界卫生组织指出，在公共空间中，为尽量避免新型冠状病毒的传播，应保持1m以上的社交距离。在住宅小区的面域公共空间中，多采用硬质材料进行地面铺装，层次结构单一且缺乏防疫设计。

在面域公共空间中，可采用不同材质对公共空间进行划分，采用500mm×500mm～1000mm×1000mm的广场砖对空间进行划分（图6-18）。

通过广场砖对公共空间进行划分，以九个广场砖作为一个活动单元组，每个单元组的中心广场砖作为居民在公共空间的活动场所，使居民活动间距保持在1～2m之间。在医学上，"一米"是公认的致病传染区域，活动单元组的划分在确保居民活动伸展空间的同时，又可以满足突发公共卫生事件下的防疫安全距离，保证居民的健康与安全。在

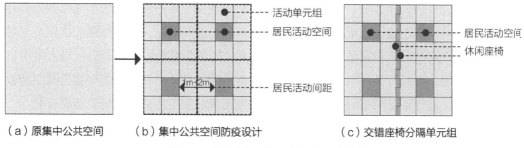

（a）原集中公共空间　　　（b）集中公共空间防疫设计　　　（c）交错座椅分隔单元组

图6-18　集中公共空间防疫应急设计示意

集中公共空间的设计提升中，可结合休闲设施共同进行布置，在活动单元组及场所边界设置"S"形交错座椅，通过座椅的反转隔离相邻而坐的居民，既满足防疫的需求又增加空间设计的层次感与趣味性，还可以为居民提供充足的休息空间。通过以上方法对集中公共空间进行防疫应急设计提升，给居民以积极的心理暗示，在突发公共卫生间事件发生时保障居民的室外活动中合适的社交距离，降低疫情传播的风险。

6.4.3　更新服务设施

在调研中发现，多数住宅建筑的室外公共设施无论是从物质外观还是使用功能方面现均已老旧损坏，无法满足居民日常休闲、交往的需求，对其进行更新是提升室外空间质量的有效方式。为增加居民对所在小区的归属感，满足突发公共卫生事件下居民对于设施的新需求，进一步营造舒适的室外环境，老旧公共设施的更新成为必然。

6.4.3.1　休闲娱乐设施

休闲设施多为居民提供户外休息场所，在居民散步、运动之后，更偏向于进行静坐聊天的户外休闲活动，但休闲设施多呈现设施数量缺乏、布置缺乏合理性及形式色彩不统一等现状。

休闲设施作为室外环境中使用频率最高的公共设施，首先应根据居民实际需求增加数量；其次，应结合面域及节点公共空间进行休闲设施的布置，在合适的场所空间内进行设施的安放，解决布置错位性的问题；最后，对休闲设施进行统一设计，提高休闲设施的整体性。

在此基础上，对休闲设施进行潜力开发，满足居民多种行为的体验需求。为实现室外空间休闲设施使用的多种可能性，在保证其休闲功能的基础上进行位置灵活性的设计（图6-19）。

充分利用小区内的公共空间，在休闲设施布置的区域内，通过灵活移动变换不同的空间组合和方式，提升设施的娱乐性质，以满足居民日常、防疫、交流、独处等多样需求。

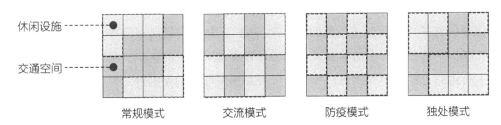

图6-19　休闲设施位置灵活性设计示意

　　为满足居民在室外环境中活动及锻炼的需求，需对娱乐设施进行优化提升，在日常生活中，可以促进居民之间的交流，利于营造积极向上的生活氛围，在突发公共卫生事件下，可增强居民体质，以提升防疫效果。

　　住宅建筑室外空间的娱乐设施布置主要分为两种类型，分别为距离住宅建筑较近的分散娱乐设施和距离住宅建筑较远的集中娱乐设施。这些设施多针对成年居民，儿童及老年娱乐设施较少，在突发公共卫生事件时，由于居民的活动范围受限，儿童及老年人的需求无法满足，因此，需增设针对儿童及老年人的娱乐设施，以满足不同人群的需求。其次，由于娱乐设施位置布置的偏僻及设施周围环境质量差，导致设施无法被居民使用，造成资源的闲置浪费。娱乐设施的布置需与居民的行为流线相结合，方便居民使用，同时注重娱乐设施布置环境的提升，禁止与非机动车辆停放场所混合布置，提升空间使用性质的明确性，促进居民户外活动与健身质量。还需对破旧设施进行更换，保障设施使用的安全性。

　　在对休闲娱乐设施进行更新提升的同时，要注重设施布置的间距与消毒杀菌，以保证居民在日常及突发公共卫生事件下的安全、正常使用。

6.4.3.2　卫生防疫设施

　　在居民日常生活中，多会产生厨余等生活垃圾，在突发公共卫生事件下，则会多产生废弃口罩、隔离居民产生的生活垃圾及药瓶等有害垃圾，需格外重视。提升卫生防疫设施需从推进垃圾分类的落实、垃圾回收设施的布置、垃圾设施的无接触设计三方面进行。

　　对日常生活所产生的垃圾，需进行有效垃圾分类。在调研中发现，小区内均设置有分类垃圾桶，但是由于居民意识不足与管理不到位，分类垃圾桶并未发挥真正的效果。面对此类情况，首先应加大宣传力度，增强居民垃圾分类意识；其次，应该提升监管力度，通过管理水平的提升推动垃圾分类的进行；最后，应增设防疫用品专用垃圾桶，确保垃圾分类的明确性。

　　垃圾设施位置的选择既与居民的使用便利程度有关，又与疫情的防控有关。在选择垃圾设施的位置时，集中垃圾设施的布置应位于城市的下风向且需靠近垃圾出入口。下风向位置的选择可有效避免垃圾的"二次污染"，靠近垃圾出入口布置可缩短垃圾运输路线，减少与居民日常生活的交叉，降低垃圾清运对居民的影响。分散垃圾设施的布置应沿人行道路并结合单元出入口布置，以提高居民使用的便利性。

垃圾设施作为居民生活垃圾的暂时存放处，是易于滋生病毒与细菌的场所。在居民进行垃圾分类放置时，当前使用的垃圾桶设施多无法避免居民的直接接触，在突发公共卫生事件下，该种类型的垃圾桶使居民易于感染病毒与细菌。可采用手环式、踏板式垃圾桶，避免手部与垃圾桶的直接接触，还可以采用智能感应式和除菌式垃圾桶，避免接触感染。

6.4.4 营造绿化环境

绿化景观的营造与住宅建筑的设计理念及特色营造相关，更是居民居住空间的质量指标。绿化景观不仅起到观赏的作用，更可以净化空气、丰富空间层次，同时可以营造居民日常活动、交往场所。在日常生活及突发公共卫生事件下，良好的绿化环境作为居民户内视线的延伸，可以缓解居民的消极情绪，故需营造优秀的居住环境。

6.4.4.1 流绿空间设计及优化

流绿空间是指利用水空间、绿地组织、兼具绿地性质的水系等所形成的具有流动性的带状空间。住宅建筑室外空间的绿化环境营造呈现碎片化分布的现状，对于日常情况下的内部小气候调节与突发公共卫生事件下的病毒、细菌的隔离效用并不显著。需将碎片化分布的绿化空间进行修复串联，形成连续的带状公共绿地，进而形成流绿空间，以增强住宅建筑整体环境的韧性。

在流绿空间的营造方面，首先建立不同规模绿化空间之间的联系，为流绿空间的建设建立基础框架。绿化空间之间的联系，多被步行及停车空间占用，导致绿化空间不连续，需优化步行空间，有序减少停车空间对绿化的侵占，同时增设连续绿地以加强绿化空间的联系。其次，依据实际情况，结合绿化系统框架进行水空间的设计与建设，对流绿空间进行丰富。连续的流绿空间可有效对室外环境进行隔离划分，有利于突发公共卫生事件下居民的正常生活。

在营建流绿空间的同时，应结合立体绿化，提升室外环境中绿化环境的质量。立体绿化主要分为两个方面：同一水平面的立体绿化和不同水平面的立体绿化。在同一水平面的立体绿化中，应对乔木、灌木及地被植物进行综合布置，其中乔木作为绿化环境营造的骨架，与其他植物搭配映衬，形成具有层次感的绿化种植效果。在不同水平面的立体绿化中，利用住宅建筑的屋顶、建筑的公共平台、户内阳台等空间进行绿化，增加小区内的绿化水平，提高居民生活质量，加强阻断病毒与细菌传播的效果。

6.4.4.2 景观系统分级及设计

绿化空间的质量与居民室外活动频率有着直接的联系与相互影响。为提高居民进行室外活动的频率，增强人群免疫力以抵抗传染病的侵袭，建设提升具有服务功能的景观系统是必要的。在景观系统的建设中，绿地空间的功能性和可达性都需着重考虑。通过实地调研发现，由于小区内部绿化环境质量不佳，故多数居民会选择公园进行休闲娱乐和体育锻炼。常态下此类情况虽会增加居民休闲健身的距离，但同时也可以提升公园的整体活力。在突发公共卫生事件时，大量居民汇聚至公园会增加疫情传播及扩散的风险，且在小区封闭时，居民无法到达公园，且小区内部缺少高质量的绿化环境会对居民室外活动产生消极影响。在应对突发公共卫生事件时，提升小区内部的景观系统质量，可以保障居民在小区内部进行娱乐休闲及体育锻炼的需求。因此，室外景观系统应在规模合理的基础上，按照点—线—面三个层级进行公共景观系统建设，形成不同层级的景观连续布局。

景观系统的连续性与突发公共卫生事件下的疫情防控有正相关关系，绿色植物除吸收二氧化碳净化空气外，还可以有效阻隔空气中尘埃颗粒的扩散，降低病毒与细菌的传播。但碎片化的景观系统对传染病的防控效用较低，因此，首先应整合景观布局，并进行合理的植物配置形成具有一定规模的"面"，增强对突发公共卫生事件下传染病病毒的隔离；其次，应加强"线"层面的景观设计与建设，以期形成有效通风廊道增强空气的循环流动，稀释空气中有害物质的浓度，为小区内的防疫布控提供动力；同时，置入景观节点，良好的景观节点可提升居民进行室外活动的兴趣，以提高居民身体素质，增强面对疫情的抵抗力。

在突发公共卫生事件时，除对居民进行室外活动产生影响外，长期的居家隔离生活更会引发心理疾病。而景观的设计建设可以有效缓解居民心理层面的压抑，降低消极情绪。故通过景观系统的"点、线、面"三个层级的合理建设，以期达到有效提高居民体育锻炼效率、增强居民免疫力、调节居民身心健康的目的。

6.5 基于防疫应急需求的优化策略应用

本节主要选择光华苑北区作为优化提升对象进行防疫应急设计，从户内空间、单元公共空间、室外空间三方面进行提升，以期创造舒适的居家环境，满足居民在日常及突发公共卫生事件下的需求。

6.5.1　户内空间防疫应急设计优化策略应用

6.5.1.1　空间的分隔与联系

光华苑北区的住宅建筑以三室两厅一卫与三室两厅两卫户型为典型。在户内空间中，虽然居住面积有所扩大，但户内防疫设计不足，且空间无法得到充分利用，在突发公共卫生事件下，造成居民居家防疫应急能力不足。

针对三室两厅一卫户型户内空间的提升主要表现在玄关、卫生间、起居室、卧室等空间的改进，和复合型家具及收纳空间的增设等方面。在玄关的提升中，需增设隔断明确玄关空间，同时增设折叠门对玄关空间进行封闭，阻断病毒与细菌的传播与扩散，以满足突发公共卫生事件下玄关独立的需求。为方便居民进行消杀通风防疫，设置置物柜增加存储收纳空间，提升玄关空间的防疫效果。为增大玄关空间的面积，在餐厅空间中选择使用折叠型餐桌，减少对空间的占用，提高空间使用的灵活性。在卫生间空间中，对卫生间进行干湿分离，将淋浴与洗手空间进行分隔，方便居民使用。在起居室空间中，通过功能复合型家具的置入增加该空间的使用灵活性，将普通沙发更换为可折叠式家具，以满足居民居家隔离防疫时的休闲、娱乐、休息等需求，完成功能空间的相互转换。在卧室空间中，增加学习、办公及收纳功能，增加空间的功能复合性，以提高空间的使用率。为缓解居民长时间居家防疫的消极心情，可对阳台空间进行小型景观设计，改善居民生活条件。在户内隔离空间的选择与布置上，选择靠近卫生间的南侧卧室为隔离空间，由于户内仅建设有一个卫生间，在隔离居民与未隔离居民的使用上，应进行时间的错位，且在使用后，对洗手间进行全面的消杀，以减少同一空间内居民的交叉感染。

对三室两厅两卫户内空间防疫应急设计的提升，与上一类型相类似，但是两卫的布置可以使隔离空间更加独立。在隔离空间的选择中，选择带有独立卫生间的卧室空间作为户内隔离空间，在卧室的入口空间增设折叠门形成隔离空间的前室空间，以更好地提升防疫效果。同时，根据户内空间条件，增加开窗面积，提高户内自然采光及通风的质量。在"黑房间"的卫生间中，增设排风系统与消毒系统，以保证此类空间的舒适与安全性，在突发公共卫生事件下保证居民的居家防疫安全。

在户内空间的提升中，还应对卫生间及隔离空间增设机械通风系统，保持空间内的负压环境，避免户内空间的通风混乱（图6-20）。

6.5.1.2　流线的优化与提升

依据对光华苑北区户内空间的调研发现，日常生活情况下多出现家务流线不合理、视线交叉等问题，总体来说，各类流线之间相互干扰，流线过长且迂回导致活动效率不高。在突发公共卫生事件下，还需考虑隔离居民生活流线与非隔离居民生活流线交叉的问题，将隔离居民流线与其余各流线进行分隔。

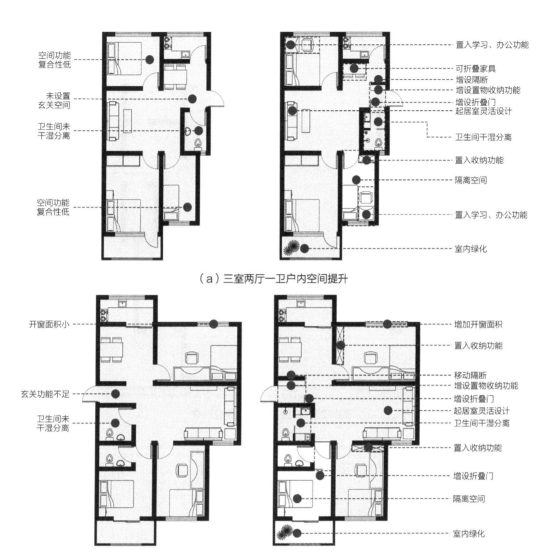

（a）三室两厅一卫户内空间提升

（b）三室两厅两卫户内空间提升

图6-20 户内空间分隔与联系示意

在厨房流线的提升中，需按照居民的家务操作顺序对厨房空间进行重新排布，使其流线符合人体工学需求，方便居民的使用，减缓居民在进行家务劳作时的体力消耗。在视线方面，起居空间出现视线与居民行为流线交叉的问题，造成居民行为的交叉混乱，降低居民居住舒适度。在起居空间内，进行家具方向的转换，使居民视线与活动流线相互独立，解决视线与流线交叉的问题。在突发公共卫生事件时，对户内空间还需考虑隔离居民流线与非隔离居民流线，区别两种流线，保证达到居民居家隔离安全的目的。应在户内空间中进行隔离空间的布置，隔离居民的活动范围保证在户内隔离空间之内，日常生活与其他居民进行分隔，同时保证流线的分离。但对于只有一个卫生间的户型来说，隔离人员与非隔离人员需公用卫生间，无法做到彻底的分离，为保证非隔离居民安全，需在隔离居民使用完卫生间后，进行彻底消杀，阻断传播途径（图6-21）。

（a）原室内空间流线   （b）室内空间流线应急设计提升

图6-21　户内空间流线改进示意

6.5.2　单元公共空间防疫应急设计优化策略应用

6.5.2.1　空间划分与功能置入

在单元公共空间中，光华苑北区的问题主要集中在非机动车辆停放杂乱侵占交通空间、配套服务设施无防疫设计、公共空间堆放杂物等问题。

针对以上问题，首先坚持"以人为本"的原则，对入口空间进行无障碍设计，建设坡道，方便特殊居民的日常出行。在对光华苑北区的调研中发现，住宅入户空间多呈现通过型，对其防疫设计进行优化提升（图6-22）。对入户消毒区进行设计，置入置物、消杀、换衣等功能，同时增设消毒灯覆盖该区域进行全面消毒，增强该区域的消杀能力。由于在该空间增加洗手功能受限于面积及管道而无法增设，为解决这种问题，可在靠近单元入口的空间采取设置室外洗手台及放置消毒洗手液等防疫措施，方便居民在单元公共空间的清洁与消毒，提升防疫效果。

入户空间的非机动车辆停放与居民日常生活流线交叉，为解决此类问题，在单元入户空间进行非机动车辆停放区的设计。首先，需对空间进行整理，清除居民堆积的杂物，拆除私建建筑和构筑物，对空间进行整合规划；其次，对空间进行划分，明确空间范围和功能，避免空间的交叉混合使用。

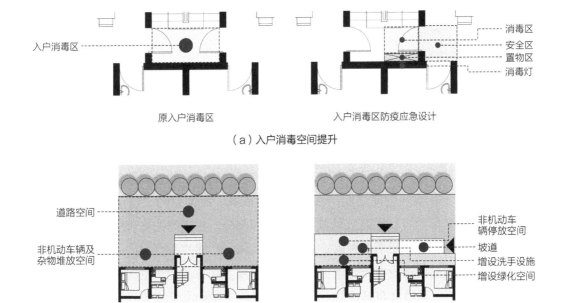

（a）入户消毒空间提升

（b）单元入口空间提升

图6-22　单元公共空间改进示意

6.5.2.2　设施更新与物业管理

在突发公共卫生事件时，小区是疫情防控的第一线，也是控制疫情扩散最有效的防线，提升住宅建筑的防疫应急能力，可以有效地切断疫情扩散蔓延的渠道。为提升住宅建筑防疫应急能力建设，可在小区内进行防疫设施的建设与更新，构建智慧小区疫情防控一体化平台，并提升管理水平，建立疫情防线。

首先，在小区的入口空间及住宅建筑单元入口空间进行小区入口门与单元入户门的增设与更新。通过设置智能人脸识别、车牌识别、体温热成像、健康码识别等智能设备，对住宅建筑进行围合管理，并对体温异常居民及时报警管控。

其次，通过对小区居民数据、物联网数据、人员体温数据和其他自动申报数据等的管控，对小区居民进行智能排查，对涉疫居民与未涉疫居民进行精准管制。并通过智能手段对居民活动进行分析，及时发现并通报异常行为。综合利用多种智能设备提高管控效率以减少感染风险。

在增设更新基础及智能设备的同时，为促进小区防控的推进，还需提高小区内的管理水平。在日常情况下，保持对小区内的清洁与消毒杀菌，在突发公共卫生事件下，应增加小区清洁与消杀的频率。在清洁与消杀中，应注重建筑死角、楼梯空间等遗留角落空间。单元公共空间作为居民出入频繁的场所，更应注重该空间的清洁与消毒，同时督促居民对于楼梯间空间杂物的清理，保持该空间的通风，提升防疫效果。

6.5.3 室外空间防疫应急设计优化策略应用

6.5.3.1 道路空间防疫应急设计提升

道路空间的提升，主要以打造人车分流的慢行道路系统为目标。道路空间的划分要着重考虑人行与车行之间的平衡关系，同时考虑居民对慢速通行的需求，故需对道路进行人车分流的系统设计，使道路不仅可以满足车辆通行，还可以满足小区内居民的日常活动。

在道路空间的提升及空间排布时，可采用空间功能模块的设计策略，在明确各空间策略的基础上，实现空间之间的独立与互相联系。此类空间，包括机动车停车空间、非机动车停车空间、休闲空间和绿化空间四部分。在空间的提升中，首先将临街空间进行整合，将各功能模块置入，进行空间的限定，同时在空间内采用地面颜色划分的方式对不同空间进行标记，增加空间的辨识度。在各功能小空间内置入可活动设施，使空间具有灵活性和自适应性。其次，各模块空间的主要提升目标为提升空间利用率，将停车空间与活动场地功能相复合，将停车空间与白天居民休闲交往空间相结合；非机动车停车空间需重新划分，解决非机动车辆停放杂乱无章的现象；在休闲空间与绿化空间方面，主要是提升空间的灵活性，以满足居民晾晒、驻足、观望、休闲等需求。

在慢行道路系统的设计上，将路面进行划分，区分人行与车行道路，可用不同材质进行铺装以便于区分。在车行流线方面，通过停车空间的置入，减少机动车对道路的侵占，以提升使用的通畅性；在人行流线方面，通过空间的划分对居民人行空间进行保障，同时人行空间的划分在一定程度上可以减少车行道路的宽度，实现限制车速的目的，使之在日间成为慢行道路系统，实现人车的分离与共存（图6-23）。

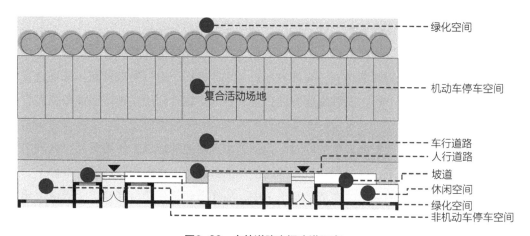

图6-23 室外道路空间改进示意

6.5.3.2　公共活动场所防疫应急设计提升

在对光华苑北区的调研中，发现该小区的公共活动场所面积较小且设计不足，同时设施较为破旧，因此对居民的吸引力较低。对集中公共空间的防疫应急设计提升需考虑到功能需求、空间设计和地域文化等要素，通过多方面的提升共同建设与居民相适应的公共空间。

首先，在公共空间中布置合适的休闲活动空间。在整体公共空间的设计中，在交通上，应注重人车的分流设计；在空间上，范围可扩大至住宅建筑宅间空间，以扩大居民活动区域；在心理上，公共空间的无车进入，可提高安全性，保证居民更加放心地进行休闲活动。其次，结合居民需求，创造新型实用公共空间。公共空间的设计提升要与居民的实际需求相结合，以提供更好的室外空间。在突发公共卫生事件之下，居民的户外活动需保持合适的社交距离，故在对公共空间进行提升时，需进行空间划分。同时，提升公共空间的功能复合性设计，错开不同功能的使用时间以提高空间使用率。再次，增加设计要素，丰富公共空间层次。在突发公共卫生事件之下，公共活动空间是居民进行户外活动的首选场所，因此，可增加公共空间景观要素，创造更优质的室外空间。可利用植物提供荫蔽场所，水景为居民提供优质景观，滨水空间提供趣味性娱乐空间等要素，丰富公共空间层次的同时对环境起到调节作用。最后，公共空间的设计提升可与地域文化相结合，提升公共空间的文化性与可辨识性。公共空间的防疫应急设计提升还应与居民的文化需求相适应，如可根据邯郸市的传统文化，加入诸如胡服骑射、成语典故、陶器等具有地域性文化的符号，以引起居民对于地域文化的共鸣，延续传统文化的传承，同时增加公共空间的文化性，提升居民对于公共空间的兴趣。

6.5.3.3　提高居民意识与参与度

住宅建筑防疫应急能力的提升除应从设计改造角度入手外，小区成员共同参与住宅建筑能力的提升也是推进"善治"的关键因素。小区的治理随着社会结构的发展与变革，呈现出复杂化与多维化的特点，若仅靠单一力量进行治理，则远远达不到预期要求。在这种情况下，需构建多元小区治理主体，形成多方参与共同推进住宅建筑防疫应急能力的建设。

目前，在小区的管理中，存在公民参与度较低、参与及防疫意识较差、参与渠道与方式较为单一的短板问题。在居民参与方面，居民普遍缺乏参与小区管理提升的主体意识，往往认为这些内容与己无关，但经实践证明，居民的有效参与可推动小区的和谐发展，对住宅建筑防疫应急能力的提升大有助益。而良好的居住环境营建除需提升物质条件外，和谐的居住氛围也是构成居住环境重要的精神要素，居住氛围的建设则需要政府与居民的共同参与。因此，在推动住宅建筑防疫应急能力的提升与建设中，应建立政府、居民委员会和居民共同参与的主体框架。多元主体的建设可以增强居民对于居住环境的认同感，同时提升居民的参与意识，并吸引居民主动参与到多元主体及居住环境的建设。在面对突发公共卫生事件时，部分居民会存在侥幸及不以为然的心理，为提升整体防疫效果，需提升居民对于此类事件的了解与重视，提升居民防疫意识，以推动防疫的布控。故小区管理人员需积极组织居民参与共同治理，建立群治群防格局。在此格局的基础上，推动和谐稳定的居民关系网络的建设，排除疫情下的安全隐患，缓解居民消极情绪，努力做到在突发公共卫生事件下住宅建筑防疫工作由被动向主动发展，让居民生活在和谐与安全的环境之中。多元管理结构，有利于充分利用整个小区的资源，降低小区管理成本。且居民积极参与的主人翁意识的建立，可为推动住宅建筑防疫应急能力的提升添砖加瓦。

6.6 本章小结

　　本章为结论章节，最终提出突发公共事件下的住宅建筑的应急设计策略。首先，确定防疫应急设计原则，即平疫灵活转变、提高住宅建筑韧性原则，坚持环保可持续、构建健康住宅原则和以人为本、满足居民需求原则并重。其次，以突发公共卫生事件为背景，结合现状不足分别提出更新策略。针对户内空间：进行入户空间隔断，提高空间功能复合性，优化户内空间布局并提升户内采光、通风质量；针对单元公共空间：规划非机动车停车区与居民流线，提升交通空间防疫应急能力，提升通风质量；针对室外空间：进行内部流线规划，改善公共空间质量，更新公共设施并优化绿化环境的营造。最后，将应急设计提升策略应用到光华苑北区的更新提升中，希望在不断发展与进步的建设设计行业中，能够有更多的研究方法与理论来指导设计，共同推动住宅建筑的防疫应急设计不断发展。

结论与展望

2019年年末暴发的新型冠状病毒疫情对全国产生了巨大冲击，全国人民随即开展了一场没有硝烟的战斗，住宅建筑更是成为居民最长久的陪伴，"居家、通风、空间、防疫"等问题也成为人们关注的重点。在此背景下，探索住宅建筑防疫应急能力的提升策略意义深远。本书系统梳理现有文献资料，总结突发公共卫生事件、住宅建筑及防疫应急能力的概念，并以突发公共卫生事件为背景审视住宅建筑现状，详细调研邯郸市主城区住宅建筑的防疫应急能力现状与需求，进行归纳总结，提出应对突发公共卫生事件的住宅建筑防疫应急能力提升策略与更新实践策略。主要研究结论如下：

第一，从国内外研究现状看，基于突发公共卫生事件下的建筑研究应多集中于医院建筑，在住宅建筑防疫应急方面的研究多集中于照明消防等领域，且在防疫应急的设计中，多集中于通风及智慧家居等方面，于既有住宅建筑防疫应急能力的优化提升研究较少。故应基于突发公共卫生事件，提出适合的住宅建筑防疫应急能力提升的思路与策略。

第二，通过对邯郸市主城区住宅建筑的大量调查研究和分析，将其分为起步、发展与转型三个阶段，并对每个阶段的住宅建筑防疫应急能力现状进行分析概述，总结每个阶段住宅建筑防疫应急能力的现状与特点，发现居民多方面的防疫应急需求并未得到满足，同时后期建设的住宅建筑防疫应急能力要优于早期建设的住宅建筑，但总体防疫应急能力设计呈现不足的现状。基于突发公共卫生事件，可将住宅建筑分为户内空间、单元公共空间和室外空间三类。其中，户内空间可分为以起居空间为核心的环绕式、竖向排布式和横向排布式三种主要类型；单元公共空间可以分为外廊式和梯间式两种类型；室外空间分为分散式和集中式两种类型。

第三，对住宅建筑从户内空间、单元公共空间以及室外空间三个层次进行防疫应急能力提升研究。通过入户空间、功能复合空间、户内空间布局、通风采光的设计对户内防疫应急能力进行提升；通过单元入口空间规划、交通空间改进和通风质量提升对单元公共空间进行优化；通过流线规划、公共空间提升、公共设施更新和绿化环境营造对室外空间进行防疫应急能力的整体更新。

住宅建筑的防疫应急能力提升是一个复杂的社会问题，涉及的学科领域较多。本书的研究成果在建筑学范畴有一定的价值和意义，但提升住宅建筑防疫应急能力的研究是一个庞大的工程，需要政府制定合理的政策、法规，同时保证不同专业领域与居民之间的相互配合，这样住宅建筑的防疫应急能力提升才能取得成功，为居民创造更好的居住条件。

由于作者在住宅建筑研究方面的水平及论文篇幅的要求，本研究存在一定的不足之处。首先，在对住宅现状与居民需求的研究中，采用用户访谈、问卷调研和实地测量等方法获取资料信息，但受限于天气、季节、时间等客观因素，不同成长背景、职业、年纪的受访人等主观因素，同时对户型占比的统计多依赖于房产中介与网络调研，对于部分记录和分析结果具有局限性，后续研究应扩大变量因素的种类、问卷调研人群的数量和调研的方式，兼顾对住宅建筑防疫应急设计的其余各方面，以获得更为全面的基础资料。其次，还需加强对住宅建筑防疫应急能力的更新实践，从实践中总结经验与理论相结合，以对策略进行优化，从而更好地指导住宅建筑的防疫应急能力提升。最后，应拓展对住宅建筑的研究范围，以完善研究的覆盖面。真诚期待在住宅建筑防疫应急能力提升方面的研究在其他学者、专家的推动下会有更好的发展与实践。

附录1 邯郸市主城区多层住宅调查问卷

您好！本次调查严格按照《中华人民共和国统计法》的要求进行调查数据的收集，不记名，所有问答只用于统计分析且由软件统一处理。能得到您的看法与意见，十分荣幸。填写说明：请根据实际情况和您的真实感受在相应位置填写信息或者在选项上打"√"。感谢您的理解与支持！

多层小区名称：＿＿＿＿＿＿＿＿＿＿＿＿＿

一、基本信息

1．性别：A．男　　B．女

2．接受教育程度：A．初中及以下　B．中专/高中　C．专科　D．大学本科及以上

3．年龄：A．儿童及少年（3～18岁）　B．青年及中年（19～59岁）

　　　　　　 C．老年（60岁以上）

4．家庭成员：A．≤2口　B．3～4口　C．≥5口

5．户型：A．一室一厅　B．两室一厅　C．两室两厅

　　　　　 D．三室一厅　E．三室两厅　F．其他

二、重大突发公共卫生事件下多层住宅满意度评价

1．户内空间因素满意度评价

		很不满意	不满意	一般	满意	很满意
公共区域	玄关空间					
半公共区域	起居空间					
半私密区域	厨房空间					
私密区域	卧室空间					
	卫生间空间					
自然因素	自然通风					
	自然采光					
户内空间总体评价						

2．单元公共空间因素满意度评价

		很不满意	不满意	一般	满意	很满意
公共区域	单元入口					
	楼梯间空间					
半公共区域	入户消毒区					
自然因素	自然通风					
单元公共空间总体评价						

3．室外空间满意度评价

	很不满意	不满意	一般	满意	很满意
小区内部流线					
小区公共空间					
公共设施					
绿化环境营造					
室外空间总体评价					

4．在突发公共卫生事件发生时，您对所居多层住宅建筑的防疫功能的总体评价为：

A．非常不满意　　B．不满意　　C．一般　　D．满意　　E．非常满意

5．在突发公共卫生事件发生时，您对所居多层住宅建筑的建议是：_____

感谢您的积极配合，祝您生活愉快！

附录2 邯郸市主城区高层住宅调查问卷

时间:_____　　　地点:_____

尊敬的先生/女士:

您好,请您协助我完成下面的问卷调查。本次调查结果不对外公开,不涉及商业用途,仅用于学术研究,感谢您的支持与配合!

一、您的基本情况

1. 您的性别（男 / 女）及年龄_____

A. 25 ~ 29岁　　　B. 30 ~ 34岁　　　C. 35 ~ 40岁　　　D. 41 ~ 50岁

E. 51 ~ 60岁　　　F. 61岁以上

2. 您的职业是:_____

A. 企事业管理者　　B. 政府职员　　　C. 技术人员　　　D. 教师

E. 商人　　　　　　F. 工人　　　　　G. 服务性人员　　H. 退休人员

I. 医务人员　　　　J. 其他职业

3. 您家的套型是____室____厅____厨____卫

4. 您家住宅的总建筑面积是:_____

A. 40m² 以下　　　B. 41 ~ 60m²　　　C. 61 ~ 90m²　　　D. 91 ~ 120m²

E. 121 ~ 140m²　　F. 141m² 以上

5. 您的家庭结构是:_____

A. 单身　　　　　　B. 两口子　　　　C. 三口之家（夫妻与孩子）

D. 四口之家（夫妻与两个子女）　　　　E. 三代之家（父母与子女同住）

二、您的购买意愿

1. 您觉得您能接受高层住宅一梯几户:

A. 一梯1户　　　B. 一梯2 ~ 3户　　　C. 一梯4 ~ 6户

D. 一梯7 ~ 8户　　E. 一梯8户以上

2．您希望您购买的高层住宅卫生间数量要求：

A．1个　　　　　B．2个　　　　　C．2个以上　　　D．没有特定要求

3．您希望您购买的高层住宅装修程度是：

A．毛坯房　　　　B．简单装修　　　C．精装修

4．如果您购买高层住宅，下列哪几项指标是您认为最重要的因素（选择三项）：

A．户型朝向　　　　　　　　　　B．户型通风采光

C．户型公共交通布局合理　　　　D．户型舒适度

5．您购买的高层住宅，以下选项中您最在乎哪些方面？（选择三项）

A．地理位置　　　B．房屋价格　　　C．户型布局　　　D．物业管理

E．智能化程度　　F．小区配套设施和绿化　　　　　　G．其他＿＿＿

三、您的满意程度

1．您对您现在居住的户型：

A．非常满意　　B．很满意　　C．一般　　D．不满意　　E．非常不满意

2．您对家里的日照状况：

A．非常满意　　B．很满意　　C．一般　　D．不满意　　E．非常不满意

3．您对家里的通风情况：

A．非常满意　　B．很满意　　C．一般　　D．不满意　　E．非常不满意

4．您对起居室的面积大小：

A．非常满意　　B．很满意　　C．一般　　D．不满意　　E．非常不满意

5．您对您玄关（入户过渡）空间的大小：

A．非常满意　　B．很满意　　C．一般　　D．不满意　　E．非常不满意

6．您对客厅（起居室）面积大小：

A．非常满意　　B．很满意　　C．一般　　D．不满意　　E．非常不满意

7．您对家里现有的娱乐活动空间大小：

A．非常满意　　B．很满意　　C．一般　　D．不满意　　E．非常不满意

8．您对家里阳台的面积大小：

A．非常满意　　B．很满意　　C．一般　　D．不满意　　E．非常不满意

9．您对住宅的楼梯现状（通风、采光、疏散）：

A．非常满意　　B．很满意　　C．一般　　D．不满意　　E．非常不满意

10．您对住宅的电梯现状（通风、采光、疏散）：

A．非常满意　　B．很满意　　C．一般　　D．不满意　　E．非常不满意

11．您对住户公共走道现状（通风、采光、疏散）：

A．非常满意　　B．很满意　　C．一般　　D．不满意　　E．非常不满意

四、您的居住需求

1．您是否需要户型入口有独立门厅：

A．非常需要　　　B．很需要　　　C．一般　　　D．不需要　　　E．非常不需要

2．您是否需要在入户空间增加消毒设备：

A．非常需要　　　B．很需要　　　C．一般　　　D．不需要　　　E．非常不需要

3．您是否需要扩大起居室面积：

A．非常需要　　　B．很需要　　　C．一般　　　D．不需要　　　E．非常不需要

4．您是否需要增设主卧辅助空间：

A．非常需要　　　B．很需要　　　C．一般　　　D．不需要　　　E．非常不需要

5．您是否需要为主卧增设专门卫生间：

A．非常需要　　　B．很需要　　　C．一般　　　D．不需要　　　E．非常不需要

6．您是否需要家里有智能化设备和家居：

A．非常需要　　　B．很需要　　　C．一般　　　D．不需要　　　E．非常不需要

7．您所在单元是否需要增设电梯数量：

A．非常需要　　　B．很需要　　　C．一般　　　D．不需要　　　E．非常不需要

参考文献

[1] 李建中. 世纪大疫情［M］. 上海：学林出版社，2004.

[2] 孔红肖，高向伟，王保花，等. 疫情背景下家庭协同式护理模式中安全管理模式及要求：评《公共卫生突发事件中职业安全与健康：医护人员和应急救援者防护指南》［J］. 中国安全科学学报，2020，30（2）：191.

[3] 刘东卫，洪哲远，林硕. 走向新住宅，从"致病宅"到"理想家"：住宅建筑卫生防疫与健康安全生活环境保障与建设发展的展望［J］. 建筑技艺，2020（3）：7-9.

[4] 张小婉. 广东F市疾病预防控制中心应急能力提升研究［D］. 广州：华南理工大学，2019.

[5] 中华人民共和国国务院. 突发公共卫生事件应急条例［S］，2003-05-09.

[6] 李旭彦，潘志明. 我国传染病的研究与防治进展［J］. 中国人兽共患病学报，2021，37（3）：264-267，277.

[7] 开彦. 透过"淘大花园"事件解析住宅问题［J］. 规划师，2003（S1）：49-52.

[8] DE MONTIS A，CASCHILI S，MULAS M，et al. Resilience to natural hazards：how useful is this concept?［J］. Environmental hazards，2003（5）：35-45.

[9] 田丽. 基于韧性理论的老旧社区空间改造策略研究［D］. 北京：北京建筑大学，2020.

[10] 赵瑞东，方创琳，刘海猛. 城市韧性研究进展与展望［J］. 地理科学进展，2020，39（10）：1717-1731.

[11] SAFA M，JORGE R，EUGENIA K，et al. Modeling sustainability：population，inequality，consumption，and bidirectional coupling of the earth and human systems［J］. National science review，2016，3（12）：470-494.

[12] 刘朋. 链接：历次亚洲减灾部长级大会回顾［J］. 中国减灾，2016（23）：36-37.

[13] 陈安，师钰. 韧性城市的概念演化及评价方法研究综述［J］. 生态城市与绿色建筑，2018（1）：14-19.

[14] 刘兰. 全球极端天气走向常态化［J］. 生态经济，2021，37（9）：5-8.

[15] MEEROW S，NEWELL J P，STULT S M. Defining urban resilience：a review［J］. Landscape and urban planning，2016：147.

[16] 戴维·R. 戈德沙尔克. 城市减灾：创建韧性城市［J］. 许婵，译. 国际城市规划，2015，30（2）.

[17] 唐子来，付磊. 发达国家和地区的城市设计控制［J］. 城市规划汇刊，2002（6）：1-8，79.

[18] 胡啸峰，王卓明. 加强"韧性城市建设"降低公共安全风险［J］. 宏观经济管理，2017（2）：35-37.

[19] 马鑫雨. 韧性城市视角下的新乡市黄河滩区空间分析评价与优化研究［D］. 北京：北京林业大学，2019.

[20] 吕悦风，项铭涛，王梦婧，等. 从安全防灾到韧性建设：国土空间治理背景下韧性规划的

探索与展望［J］. 自然资源学报，2021，36（9）：2281–2293.

[21] DIELEMAN H. Organizational learning for resilient cities, through realizing eco–cultural innovations［J］. Journal of cleaner production, 2013, 50（7）：171–180.

[22] 董衡苹. 东京都地震防灾计划：经验与启示［J］. 国际城市规划，2011，26（3）：105–110.

[23] 上海市人民政府. 上海市城市总体规划（2017—2035年）［Z/OL］. https://ghzyj.sh.gov.cn/ghjh/20200110/0032-811864.html.

[24] 申佳可，王云才. 韧性城市社区规划设计的3个维度［J］. 风景园林，2018，25（12）：65–69.

[25] 石磊. 健康城市：理论特征与未来行动［J］. 人民论坛·学术前沿，2020（4）：50–58.

[26] 王兰，廖舒文，赵晓菁. 健康城市规划路径与要素辨析［J］. 国际城市规划，2016，31（4）：4–9.

[27] 倪念念. 论英国1848年《公共卫生法案》［D］. 南京：南京大学，2012.

[28] MCKEOWN T. The role of medicine：dream, mirage, or nemesis［J］. Journal of the royal college of general practitioners, 1976, 24（2）：219–220.

[29] 岛内宪夫，张麓曾. 世界卫生组织关于"健康促进"的渥太华宪章［J］. 中国健康教育，1990（5）：35–37.

[30] HALL E T. The hidden dimension［M］. New York：Doubleday, 1966.

[31] WHO. City planning for health and sustainable development［M］. Copenhagen：WHO Regional Office for Europe, 1997.

[32] 曾卫，高心怡，赵樱洁. "健康人居环境"研究框架浅析［J］. 西部人居环境学刊，2020，35（2）：33–42.

[33] 朱玲，王睿. 健康城市背景下的新自然主义生态种植疗愈功能框架研究［J］. 西部人居环境学刊，2021，36（2）：29–35.

[34] 蒙山. 基于需求层次理论的老年公寓建筑空间使用后评价研究［D］. 西安：西安建筑科技大学，2020.

[35] 孙华慧. 基于使用后评价的哈尔滨群力体育公园环境优化研究［D］. 哈尔滨：哈尔滨工业大学，2018.

[36] 朱国定，康善招，姚小远. 组织行为学［M］. 上海：华东理工大学出版社，2007：105.

[37] 尹静，孙艺文，姜永生. 中国绿色住宅时空分异特征及其对策研究［J］. 生态经济，2021，37（10）：108–114，136.

[38] 卞守国. 绿色建筑设计要求在各类建筑中预防新冠病毒的作用［J］. 住宅与房地产，2020（11）：65–67.

[39] 中华人民共和国住房和城乡建设部. 民用建筑设计统一标准：GB 50352—2019［S］. 北京：中国建筑工业出版社，2019.

[40] 江苏省发布新版《住宅设计标准》自2021年7月1日实施［J］. 现代建筑电气，2021，12（1）：69.

[41] 赵丽梅. 美国国家安全视野中的突发公共卫生事件对策研究（1992—2008）［D］. 长春：东北师范大学，2015.

[42] 徐彤武. 新冠肺炎疫情：重塑全球公共卫生安全［J］. 国际政治研究，2020，41（3）：230–256，260.

[43] 王纪潮. 天灾还是人祸：读《疾病改变历史》［J］. 博览群书，2004（6）：89–96.

[44] 约翰·M. 巴里. 大流感：最致命瘟疫的史诗［M］. 钟扬，赵佳媛，刘念，译. 上海：上

海科技教育出版社，2008.

[45] 赵丽梅，于群. 突发公共卫生事件对战后美国国家安全的影响［J］. 北方论丛，2012（1）：104-108.

[46] GERSHON R R. Adherence to emergency public health measures for bioevents: review of US studies［J］. Journal of disaster medicine and public health preparedness，2018，12（4）：528-535.

[47] STAJURA M，DEBORAH G，DAVID E，et al. Perspectives of community and faith-based organizations about partnering with local health departments for disasters［J］. International journal of environmental research and public health，2012，9（7）：2293-2311.

[48] HUNG K K，MASHINO S，CHAN E Y，et al. Health workforce development in health emergency and disaster risk management: the need for evidence-based recommendations［J］. Environ. res. public health，2021，18：3382.

[49] ALONZO P，et al. Building community disaster resilience: perspectives from a large urban county department of public health［J］. American journal of public health，2013，103（7）：1190-1197.

[50] JEE Y. WHO international health regulations emergency committee for the COVID-19 outbreak［J］. Epidemiol health，2020：42.

[51] BANATVALA N，ZWI A B，HOLZER A，et al. Public health and humanitarian interventions: developing the evidence base［J］. BMJ，2000，321：3675.

[52] ODLUM A，JAMES R，MAHIEU A，et al. Use of COVID-19 evidence in humanitarian settings: the need for dynamic guidance adapted to changing humanitarian crisis contexts［J］. Conflict and health，2021，15（1）.

[53] SAMUEL J S. Zika virus association with microcephaly: the power for population statistics to identify public health emergencies［J］. prehospital and disaster medicine，2016，31（2）.

[54] KO J Y，STRINE T W，ALLWEISS P. Chronic conditions and household preparedness for public health emergencies: behavioral risk factor surveillance system，2006-2010. Prehosp disaster med，2014（29）：13-20.

[55] ROSENBAUM S，KAMOIE B. Finding a way through the hospital door: the role of EMTALA in public health emergencies［J］. Law med ethics，2003，31（4）：590-601.

[56] EDWARD N B，WILLIAM H C，JOHN C M，et al. The frontlines of medicine project: a proposal for the standardized communication of emergency department data for public health uses including syndromic surveillance for biological and chemical terrorism［J］. Journal of urban health: bulletin of the New York Academy of Medicine，2003，80（1）.

[57] ANDERSON P，PETRINO R，HALPERN P，et al. The globalization of emergency medicine and its importance for public health［J］. Bulletin of the World Health Organization，2006，84（10）.

[58] CALONGE N，BROWN L，DOWNEY A. Evidence-based practice for public health emergency preparedness and response: recommendations from a national academies of sciences，engineering，and medicine report［J］. JAMA，2020，324（7）.

[59] IMAMURA T，IDE H，YASUNAGA H. History of public health crises in Japan［J］. Journal of public health policy，2007，28（2）.

[60] 陈婉莉，姜晨彦，王继伟. 日本传染病预防控制体系及其对我国的启示［J/OL］. 上海预防医学，2021，33（3）：248-253. DOI：10.19428/j.cnki.sjpm.2020.20197.

[61] 董科. 近代以前日本麻风病观述论［J］. 史林，2014（6）：73-81，181.

[62] 赵立新，周秀芹. 日本的传染病预防法规［J］. 国外医学（社会医学分册），2004（2）：81-83.

[63] 米多. 近代以来日本公共卫生管理体制演进与评述［J/OL］. 中国国境卫生检疫杂志，

2020，43（5）：362–368．DOI：10.16408/j.1004–9770.2020.05.019.

[64] 日本通过《新型流感等对策特别措施法》修正案，可宣布进入"紧急状态"［J］. 祝您健康，2020（4）：61.

[65] 吕敏，王全意，梁万年，等. 日本传染病防制体系［J］. 中国全科医学，2007（17）：1409–1410.

[66] DU L，FENG Y，TANG L Y，et al. Networks in disaster emergency management：a systematic review nat［J］. Hazards，2020（103）：1–27.

[67] BENNETT B，CARNEY T. Public health emergencies of international concern：global，regional，and local responses to risk［J］. Medical law review，2017，25（2）：223–239.

[68] XU M，LI S X. Analysis of good practice of Public Health Emergency Operations Centers［J］. Asian Pacific journal of tropical medicine，2015，8（8）：665–670.

[69] GASKIN S，MEHTA S，PISANIELLO D，et al. Hazardous materials emergency incidents：public health considerations and implications［J］. Australian and New Zealand journal of public health，2020，44（4）：320–323.

[70] JOSHUA W，BLYTHE M，JOHN H. A review of informal volunteerism in emergencies and disasters：definition，opportunities and challenges［J］. International journal of disaster risk reduction，2015，13.

[71] MAGLEN K. A world apart：geography，Australian quarantine，and the mother country［J］. Journal of the history of medicine and allied sciences，2005，60（2）：196–217.

[72] 冯金社. 澳大利亚的灾害管理体制［J］. 中国减灾，2006（2）：46–47.

[73] BENNETT B. Legal rights during pandemics：federalism，rights and public health laws–a view from Australia［J］. Public health，2009，123：232–236.

[74] YUAN M，LIN H，WU H，et al. Community engagement in public health：a bibliometric mapping of global research［J］. Arch. public health.，2021，79（1）：6.

[75] 游志斌. 美国"防灾型社区"的创建机制及启示［J］. 理论前沿，2006（4）：34–35.

[76] CHANDRA A，WILLIAMS M，PLOUGH A，et al. Getting actionable about community resilience：the Los Angeles county community disaster resilience project［J］. American journal of public health，2013，103（7）：1181–1189.

[77] PLOUGH A，FIELDING J E，CHANDRA A，et al. Building community disaster resilience：perspectives from a large urban county department of public health［J］. American journal of public health，2013，103（7）：1190–1197.

[78] WELLS K B，TANG J，LIZAOLA E，et al. Applying community engagement to disaster planning：developing the vision and design for the Los Angeles county community disaster resilience initiative［J］. Public health，2013（103）：1172–1180.

[79] 田香兰. 日本公共卫生危机管理的特点及应对［J］. 人民论坛，2020（10）：33–35.

[80] SABURO I，TERUKO S，TERUKI F. Towards an integrated management framework for emerging disaster risks in Japan［J］. Natural Hazards，2008，44（2）：267–280.

[81] SABURO I，TOSHINARI N. An emergent framework of disaster risk governance towards innovating coping capability for reducing disaster risks in local communities［J］. International journal of disaster risk science，2011，2（2）：1–9.

[82] 陆建城，罗小龙. 澳大利亚社区卫生应急规划与管理［J/OL］. 国际城市规划：1–9［2021–12–17］. https://doi.org/10.19830/j.upi.2020.096.

[83] 荆宇辰. 澳大利亚防灾减灾法律与规划体系及其启示：以新南威尔士州为例［C］//中国城市规划学会. 规划60年：成就与挑战2016中国城市规划年会论文集（01城市安全与防灾

规划）. 北京：中国建筑工业出版社，2016：92-104.

[84]　MARU Y T, MCALLISTER R R J, SMITH M S. Modelling community interactions and social capital dynamics：the case of regional and rural communities of Australia [J]. Agricultural systems, 2007, 92（1-3）：179-200.

[85]　夏锋，李许卡. 公共卫生危机背景下加快农民工市民化问题研究：从SARS危机到新冠肺炎疫情的反思和建议 [J]. 上海大学学报（社会科学版），2020, 37（6）：107-121.

[86]　蔡建国，蒋伽丹，王燕辉. 加强疫病防控和公共卫生科研攻关体系和能力建设的研究 [J]. 财富时代，2020（12）：39-41.

[87]　锁箭，杨涵，向凯. 我国突发公共卫生事件应急管理体系：现实、国际经验与未来构想 [J]. 电子科技大学学报（社会科学版），2020, 22（3）：17-29.

[88]　谢胜保，吴松涛. 社区在预防SARS工作中所起作用的探讨 [J]. 安徽预防医学杂志，2003（6）：394.

[89]　曹志立，曹海军. 建党100年来中国共产党公共卫生政策叙事演进与基本经验 [J]. 中国公共卫生，2021, 37（8）：1177-1181.

[90]　王延隆，李彗闻，余舒欣，等. 中国共产党百年医疗卫生政策发展历程与展望 [J]. 科技导报，2021, 39（12）：82-89.

[91]　刘国佳，韩玮，陈安. 基于三维分析框架的突发公共卫生事件应对政策量化研究：以新冠肺炎疫情为例 [J]. 现代情报，2021, 41（7）：13-26, 48.

[92]　李欣蓉. 社区防疫的多元主体协同共治研究 [D]. 南昌：江西财经大学，2021.

[93]　唐燕. 新冠肺炎疫情防控中的社区治理挑战应对：基于城乡规划与公共卫生视角 [J]. 南京社会科学，2020（3）：8-14, 27.

[94]　郭颖. 后SARS时代的传染病医院设计 [D]. 重庆：重庆大学，2005.

[95]　孟晓苏. 关注住宅健康 [J]. 规划师，2003（S1）：29-30.

[96]　王建国，庄惟敏，孟建民，等. 群论：当代城市・新型人居・建筑设计 [J]. 建筑学报，2020（Z1）：2-27.

[97]　宫婉莹，夏振华，邹佳旻. 后疫情时代我国城市住宅室内设计趋势探析 [J]. 家具与室内装饰，2021（2）：114-117.

[98]　国务院办公厅关于批准邯郸市城市总体规划的通知 [J]. 中华人民共和国国务院公报，2012（8）：22-23.

[99]　耿卉，宋魁彦. 邯郸建筑元素在文创产品中的设计应用 [J]. 家具与室内装饰，2021（2）：81-83.

[100]　谷敏. 住宅建筑户型精细化设计分析 [J]. 住宅与房地产，2021（7）：50-51.

[101]　韩宇思.《起居室》空间设计 [J]. 艺术大观，2021（28）：2.

[102]　刘歌. 香港"淘大花园事件"对卫生防疫的启示 [J]. 商业文化，2020：80-87.

[103]　王景环. 现代住宅厨房设计的原则 [J]. 科技信息（科学教研），2008（25）：450.

[104]　武德芳. 新时代室内设计创新问题研究 [J]. 居舍，2021（30）：24-25.

[105]　胡燕玲. 居住小区室外空间营造探讨 [J]. 住宅与房地产，2018（15）：44, 48.

[106]　刘明喆. 创建可持续的绿色社区 [N/OL]. 中国建设报，2021-10-28（006）.DOI：10.38299/n.cnki.nzgjs.2021.002599.

[107]　朱大明. 浅谈住宅建筑的私密性设计 [J]. 住宅科技，1997（9）：26-27.

[108]　郭廓. 试论室内自然通风设计在现代住宅建筑中的应用 [J]. 住宅产业，2020：71-73.

[109]　World Heslth Organization. Coronavirus disease（COVID-19）advice for the public [R/OL]. WHO, 2020. https://www.who.int/emergencies/diseases/novel-coronavirus-2019/advice-for-public.

[110]　赵帅. 城市生态系统健康评价模型及其应用 [D]. 天津：天津大学，2012.